U0612760

图解畜禽标准化规模养殖系列丛书

山羊标准化规模养殖图册

杨在宾　主编

中国农业出版社

北　京

丛书编委会

本书编委会

我国畜牧业近几十年得到了长足的发展和取得了突出的成就，为国民经济建设和人民生活水平提高发挥了重要的支撑作用。目前，我国畜牧业正处于由传统畜牧业向现代畜牧业转型的关键时期，畜牧生产方式必然发生根本的变革。在新的发展形势下，尚存在一些影响发展的制约因素，主要表现在畜禽规模化程度不高，标准化生产体系不健全，疫病防治制度不规范，安全生产和环境控制的压力加大。主要原因在于现代科学技术的推广应用还不够广泛和深入，从业者的科技意识和技术水平尚待提高，这就需要科技工作者为广大养殖企业和农户提供更加浅显易懂、便于推广使用的科普读物。

《图解畜禽标准化规模养殖系列丛书》的编写出版，正是适应我国现代畜牧业发展和广大养殖户的需要，针对畜禽生产中存在的问题，对猪、蛋鸡、肉鸡、奶牛、肉牛、山羊、绵羊、兔、鸭、鹅10种畜禽的标准化生产，以图文并茂的方式介绍了标准化规模养殖全过程、产品加工、经营管理的关键技术环节和要点。丛书内容十分丰富，包括畜禽养殖场选址与设计、畜禽品种与繁殖技术、饲料与日粮配制、饲养管理、环境卫生与控制、常见疾病诊治与防疫、畜禽屠宰与产品加工、畜禽养殖场经营管理等内容。

本套丛书具有鲜明的特点：一是顺应现代畜牧业发展要求，引领产业发展。本套丛书以标准化和规模化为着力点，对促进我国畜牧业生产方式的转变，加快构建现代产业体系，推动产业转型升级，深入推进畜牧业标准化、规模化、产业化发展具有重要意义。二是组织了实力雄厚的创作队伍，创作团队由国内知名专家学者组成，其中主要

1

包括大专院校和科研院所的专家、教授，国家现代农业产业技术体系的岗位科学家和骨干成员、养殖企业的技术骨干，他们长期在教学和畜禽生产一线工作，具有扎实的专业理论知识和实践经验。三是立意新颖，用图解的方式完整解析畜禽生产全产业链的关键技术，突出标准化和规模化特色，从专业、规范、标准化的角度介绍国内外的畜禽养殖最新实用技术成果和标准化生产技术规程。四是写作手法创新，突出原创，通过作者自己原创的照片、线条图、卡通图等多种形式，辅助以诙谐幽默的大众化语言来讲述畜禽标准化规模养殖和产品加工过程中的关键技术环节和要求，以及经营理念。文中收录的图片和插图生动、直观、科学、准确，文字简练、易懂、富有趣味性，具有一看就懂、一学即会的实用特点。适合养殖场及相关技术人员培训、学习和参考。

　　本套丛书的出版发行，必将对加快我国畜禽生产的规模化和标准化进程起到重要的助推作用，对现代畜牧业的持续、健康发展产生重要的影响。

中国工程院院士
华中农业大学教授　陈焕春

编 者 的 话

　　针对现阶段我国畜禽养殖存在的突出问题，以传播现代标准化养殖知识和规模化经营理念为宗旨，四川农业大学牵头组织200余人共同创作《图解畜禽标准化规模养殖系列丛书》，包括猪、奶牛、肉牛、蛋鸡、肉鸡、鸭、鹅、山羊、绵羊和兔10本图册，于2013年1月由中国农业出版社出版发行。丛书将"畜禽良种化、养殖设施化、生产规范化、防疫制度化、粪污处理无害化"的内涵贯穿于全过程，充分考虑受众的阅读习惯和理解能力，采用通俗易懂、幽默诙谐的图文搭配，生动形象地解析畜禽标准化生产全产业链关键技术，实用性和可操作性强，深受企业和养殖户喜爱。丛书发行覆盖了全国31个省、自治区、直辖市，发行10万余册，并入选全国"养殖书屋"用书，对行业发展产生了积极的影响。

　　为了进一步扩大丛书的推广面，在保持原图册内容和风格基础上，我们重新编印出版简装本，内容更加简明扼要，易于学习和掌握应用知识，并降低了印刷成本。同时，利用现代融媒体手段，将大量图片和视频资料通过二维码链接，用手机扫描观看，极大方便了读者阅读。相信简装本的出版发行，将进一步普及畜禽科学养殖知识，提升畜禽标准化养殖和畜产品质量安全水平、助推脱贫攻坚和乡村振兴战略实施。

　　我国是世界上第一山羊养殖大国，也是羊肉、羊奶、羊绒和羊皮生产和消费大国。随着人民生活水平的提高，膳食结构和消费观念的改变，以及山羊食性广、易管理、生产水平高，特别是羊绒产量和质量均居世界前列，促进我国养羊业得到了蓬勃发展。与此同时，国家对生态环境的关注和人们对羊产品需求的增加，山羊饲养由传统的放牧和农户分散养殖方式逐步向规模化和标准化方向发展，山羊养殖将成为发展农村经济和畜牧业的支柱产业。

　　本书在编写过程中作者结合山羊的生活习性和饲养特点，以山羊标准化规模化养殖为目标，用图示和图说形式阐述了标准化规模养殖的实用技术，力求做到工艺先进、可操作性强。全书共分八章，第一章阐述了山羊规模化标准化养殖的建设规范，主要内容包括山羊场的布局、羊舍结构、饲养设备和设施等方面。第二章以培育良种山羊为目标，从后备羊选择、发情鉴定、配种和繁殖技术控制、妊娠诊断和分娩助产等环节描述了山羊良种繁育技术。第三章在阐明山羊营养与生理特点基础上，详细介绍了山羊常用饲料加工技术、饲料配合技术和典型饲料配方。第四章介绍了种羊和羔羊的饲养管理、肉用山羊、奶用山羊和绒用山羊等饲养管理实用技术。第五章和第六章从山羊规模化标准化养殖的环境卫生与粪污处理和疾病防治等方面，阐述了山羊健康养殖技术知识。第七章介绍了山羊肉、奶、毛、皮及其他副产品加工和利用的常规技术。第八章提出了山羊产业链类型和社会回报预测模式、标准化山羊场建设生产工艺类型，并以规模化山羊场建设为实例，介绍了山羊场经营管理和可行性分析方法。

本书编写组以山东农业大学、中国农业大学、四川农业大学等具有丰富教学、科研经验人员为主，并邀请养羊生产一线的技术人员参加。编者根据编写大纲要求，在查阅大量文献资料的基础上，重点结合自己的实践经验编写了本书。本书既有山羊饲养的基本原理，又有规模化标准化养殖的单项技术，是山羊养殖从业者必备的参考书。

本书邀请中国农业大学贾志海教授和山东畜牧总站曲绪仙研究员作为主审老师，在审阅过程中，提出了许多宝贵意见。在编写和审稿过程中，不少专家、教授和生产一线工作者大力帮助并提供材料，在此一并感谢。限于编者水平，本书在内容上、文字上难免有错误和不妥之处，敬请批评指正。

编　者

目　录

1

第一章　山羊场的规划与建设

第一节　山羊场的选址与布局

一、选址原则

在规划和建设羊场时，可根据本地的自然条件因地制宜，选择地势较高、南坡向阳、排水良好、通风干燥的地区建场，水源清洁，交通便利，利于防疫和环境保护[*]。

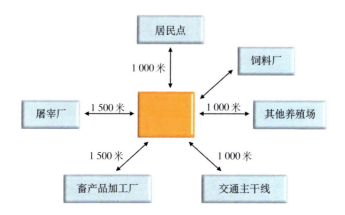

二、羊场的布局

羊场可分为管理区、辅助区、生产区和隔离区。各区的位置要从人、畜卫生防疫和工作方便的角度考虑，管理区和辅助区处于上风处，

---

[*]　参考《山东省畜禽养殖管理办法》。

1

生产区和隔离区（粪污处理、病死畜处理区等）应设在距离生产区300米以上的下风方向。

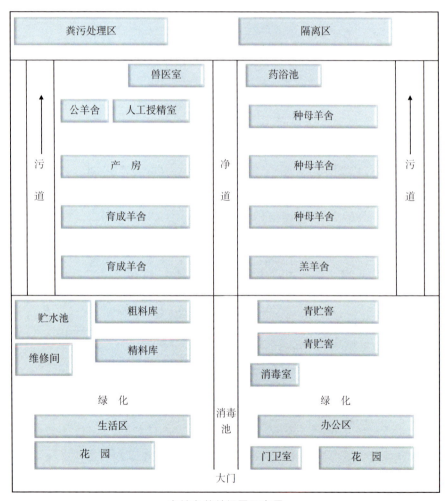

粪污处理区		隔离区

自繁自养羊场平面布局

● **管理区** 管理区主要是从事生产和经营管理等活动的功能区。管理区应设在与外界联系方便的位置，处于上风处和地势较高的地段。管理区与生产区距离为30～50米。

● **辅助区** 辅助区包括饲料加工车间、饲料库、粗料库、维修间、配电室、贮水池、青贮窖等。辅助区应紧挨生产区。饲料加工车间及饲料库、粗料库和青贮窖应设在生产区附近、地势高燥处。

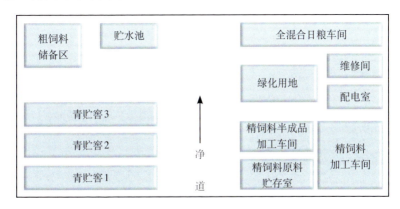

● **生产区** 生产区是羊场的核心区，包括羊舍、人工授精室等生产性建筑。

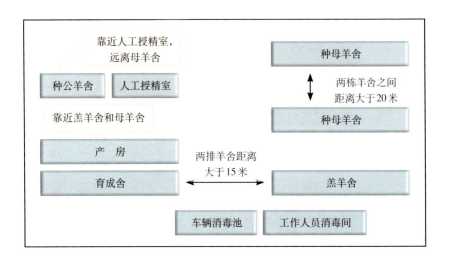

● **隔离区** 隔离区一般位于地势较低的下风向处，应远离生产区。包括病羊隔离区、病死羊处理及粪污贮存与处理区。病羊隔离、粪污处理区应有单独通道和出入口，便于病羊隔离、消毒和污物处理。

	出 口	
病死羊处理区		进出隔离区
粪污处理区		进出隔离区
		进出隔离区

第二节　羊舍的建筑与结构

一、羊舍类型

羊舍按照封闭程度可以划分为封闭舍、开放舍、半开放舍与棚舍等类型。

● **封闭式羊舍**　封闭式羊舍适用于寒冷地区。此类羊舍向阳面一般为 2.0 ～ 2.5 倍舍内面积的运动场。

四周墙壁封闭严密，保温性好

● **开放式羊舍**　三面有墙，羊舍朝阳面敞开延伸成活动场，通风、透光好，但不保温，适用于气候温暖地区。

● **半开放式羊舍**　三面有墙，一面半截墙，保温稍优于开放式羊舍，适用于气候不十分恶劣的温暖地区。

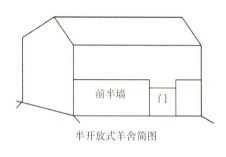

半开放式羊舍简图

● **棚舍**　棚舍只有屋顶，没有墙壁，可防太阳照射，适用于炎热地区。

二、羊舍建筑要求

● **羊舍地面与羊床**
  ➢ **砖砌地面**

优点：保温性好
缺点：成本高，易磨损

➤ **木质地面**

优点：保温性好，便于清扫和消毒
缺点：成本高

建设和养殖参数：
木条宽3.2厘米、
厚3.6厘米，
缝隙宽1.5厘米

● **羊舍面积**　羊舍面积依照羊的数量、品种、性别和生理情况而定。

不同生理阶段羊只需要面积	冬季产羔母羊 1.4～2.0 米²/只	春季产羔母羊 1.1～2.0 米²/只	成年母羊 0.8～1.0 米²/只
	公羊单饲 4.0～6.0 米²/只	公羊群饲 2.0～2.5 米²/只	育成公羊 0.7～1.0 米²/只
	周岁母羊 0.7～0.8 米²/只	去势羔羊 0.6～0.8 米²/只	3～4月龄羔羊 0.3～0.4 米²/只

● **长度、跨度和高度**　单坡式羊舍跨度一般为5～6米，双坡单列式羊舍跨度为6～8米，双列式羊舍跨度为10～12米，地面到棚顶以2.5米左右为佳。单坡式羊舍跨度小，自然采光好，适用于小规模羊群。双坡式羊舍跨度大，保温性强，但自然采光、通风差，适用于寒冷地区。

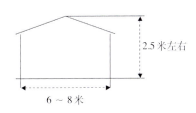

2.5 米左右

6～8米

双坡单列式羊舍侧面示意图

● **墙** 一般采用土墙、砖墙和石墙等，金属铝板、胶合板、玻璃纤维材料制成的墙体保温隔热效果也很好。

羊舍墙壁应坚固、耐用、耐水、防火，有良好的保温性和隔热性能

● **屋顶和天棚** 屋顶一般采用金属板、陶瓦、石棉瓦、塑料薄膜、油毡、茅草和模板等。

金属板屋顶：外表美观，建造简单、快速，但隔热性能差

陶瓦屋顶：外表美观，使用寿命长，隔热性能较好

塑料薄膜、油毡屋顶，成本低，建设快，但防火性能差

草房屋顶：造价低，使用寿命短，隔热性能较好，但防火性能差

● **饲喂通道**

宽 1.2 ～ 1.6 米

宽 1.2 ～ 1.6 米

第三节　羊舍的主要设备

一、饲槽

● **固定式饲槽**　用砖、石头、土坯、水泥等砌成，或者用钢板制作。

外沿比内沿高5厘米

内角外沿抹成圆形，防止饲槽擦伤羊颈部

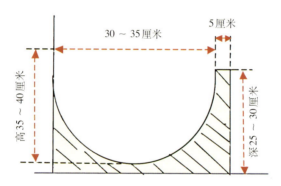

山羊固定式饲槽剖面图

山羊固定式饲槽参考尺寸（厘米）

山羊饲槽尺寸	高	宽	深	占槽位
羔　羊	30	25	20	20
成年羊	35 ~ 40	30 ~ 35	25 ~ 30	40 ~ 50

● 吊挂式饲槽
● 移动式饲槽
● 草架

用铁皮或木板制成，一般长1.5～2米，上宽35厘米，下宽30厘米，深20厘米

吃草架上的草，可以减少浪费，同时减少疾病发生

舔砖可置于草架上

二、饮水设备

一般羊场可用水桶、水槽、水缸等给羊饮水。

注意保持
清洁

三、多用途栅栏

● **母子栏** 母子栏由两块栅栏用合页连接而成。此活动木栏可以在羊舍角落摆成直角，固定于羊舍墙壁上，形成1.2米×1.5米的母子间。

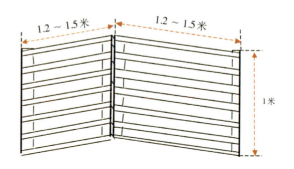

● **补饲栏** 一般由数个栅栏、栅板或网栏在羊舍或补饲场靠墙围成。栏间设栅门，羔羊可以自由通过，大羊不能入内。

● **分羊栏** 用于对羊进行分群、鉴定、防疫、驱虫、称重、打耳号等。

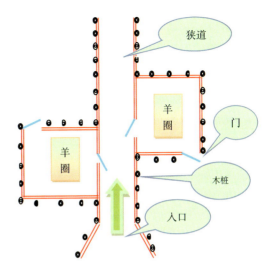

第四节 羊舍的外部设施

一、运动场

运动场紧靠羊舍出入口，面积为2.0～2.5倍羊舍。地面应低于羊舍地面60厘米以下，地面以砖砌地面或沙质土地为宜，利于排水和保持干燥。羊舍周围设围栏，材料可以是木栅栏、铁丝网、钢管等。

二、药浴池

药浴池为长方形，一般用水泥筑成，池深约1米，池底宽30～60厘米，上宽60～100厘米。药浴池入口一端是陡坡，出口一端是台阶，并设置面积约2米²的滴流台，以便羊身上多余的药液流回池内。

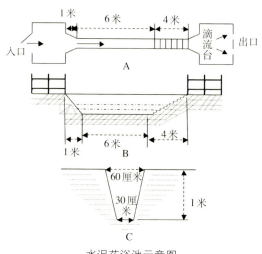

水泥药浴池示意图
A.平面　B.横剖面　C.纵剖面

三、饲料加工与贮存设施

地上青贮窖应位于地势高、干燥、地下水位低、土质坚实、离羊舍近的地方

干草铡碎机械

秸秆切短
设备

全混合日粮
（TMR）混合机械，
用于精、青、粗饲料
混合

精料加工
机械

精饲料
贮存

2 第二章　山羊的品种与繁殖技术

第一节　山羊选育

纯种繁育是指同一品种内来源不相近的公、母羊之间的繁殖和选育过程，目的是增加品种内羊只数量和继续提高品种质量。

波尔山羊纯种繁育基地　　　　（贾志海　提供）

● **地方良种选育**　地方良种选育是通过品种内的选择、淘汰，加之合理的选配和科学的培育等手段，以达到提高品种整体质量的目的。地方品种都具有某一特定的、突出的优良生产性能，如内蒙古白绒山羊、辽宁绒山羊、济宁青山羊、鲁北白山羊、中卫山羊等。

内蒙古白绒山羊

辽宁绒山羊

济宁青山羊

鲁北白山羊

（滨州沾化畜牧局　提供）

● **杂交改良**　杂交是2个或2个以上品种的山羊交配繁育的方法。在山羊改良育种和生产中，杂交应用最广泛，杂交改良也是引进外来优良遗传基因的方法之一。常用的杂交方法有级进杂交、育成杂交、导入杂交和经济杂交等几种。

以辽宁绒山羊为父本，陕北黑山羊为母本杂交，改良成功的陕北白绒山羊

陕西白绒山羊　　（张春香　提供）

17

第二节 常用山羊品种

● **乳用山羊** 乳用山羊以生产山羊奶为主要生产方向。成年奶山羊体躯呈楔形，产奶性能稳定，产奶量高，奶质优良，营养价值较高，一般泌乳期为7～9个月，年产奶450～600千克。目前，主要的奶山羊品种有萨能奶山羊、崂山奶山羊、文登奶山羊等。

萨能奶山羊具有早熟、繁殖力强、泌乳性能好等特点。

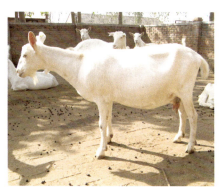

萨能奶山羊（公） （贾存灵 提供）　　萨能奶山羊（母） （贾存灵 提供）

崂山奶山羊性成熟早、生长发育快。

崂山奶山羊（公）　　　　　　　崂山奶山羊（母）

2010年文登奶山羊顺利通过国家畜禽遗传资源委员会认定，成为国家级畜禽新品种。文登奶山羊具有体格高大、适应性广泛、产奶性能好及繁殖性能高等特点。

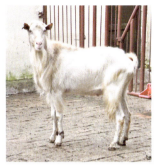

文登奶山羊（公）　　　　　　文登奶山羊（母）

● **肉用山羊**　肉用山羊以生产优质山羊肉为主要生产方向，具有成熟早、生长快、体重大、繁殖率高等特点。主要肉用山羊品种有波尔山羊、南江黄羊、沂蒙黑山羊、青山羊、马头山羊、成都麻羊、贵州白山羊、宜昌白山羊、福清山羊等。

波尔山羊　　　（贾志海　提供）

波尔山羊肉用特征明显、具有广泛的适应性和显著的杂交优势，作为终端父本能显著提高杂交后代的生长速度和产肉性能。

南江黄羊性成熟早、繁殖力高、产肉性能和肉质好、适应性强、耐粗饲、遗传性能稳定。

南江黄羊　　　（贾志海　提供）

● **裘皮山羊**　以生产优质山羊沙毛裘皮为主要生产方向。将1月龄左右的裘皮山羊宰杀后，取其毛皮称为裘皮。中卫山羊是我国著名的裘皮山羊品种，所产裘皮被毛呈毛股结构、洁白光亮、花穗紧密、卷曲整齐、美观轻暖。

中卫山羊裘皮

（张　微　提供）

中卫山羊羔羊（宁夏中卫山羊繁育场　提供）

● **羔皮山羊**　以生产优质山羊羔皮为主要生产方向。将出生后1～3日龄的山羊羔宰杀后取其毛皮，称为羔皮。这种羔皮具有美丽的波浪图案，皮板轻薄柔软。如济宁青山羊是我国著名的羔皮山羊品种，所产猾子皮的主要特点是毛细、短、紧密适中、在皮板上构成美丽的花纹，花型分波浪型、流水型及片花型。

流水型青猾子皮（张　微　提供）

波浪型青猾子皮　　　（张　微　提供）

● **毛用山羊** 以生产优质山羊毛为主要生产方向，如安哥拉山羊。安哥拉山羊的毛叫马海毛，马海毛同质、结实、长而富有弹性、色泽明亮。

安哥拉山羊羊毛
（张 微 提供）

● **绒用山羊** 以生产优质山羊绒为主要生产方向，又称绒肉兼用山羊。山羊绒纤细而结实，柔软而重量轻，有纺织原料中的"软黄金"之称。著名的绒用山羊有内蒙古白绒山羊、辽宁绒山羊和河西白绒山羊。

内蒙古白绒山羊产绒量高，绒毛品质好，在绒毛细度方面处于领先地位，对干旱、半干旱荒漠化草场有较好适应性。

辽宁绒山羊产绒量高、绒品质好、遗传性能稳定、改良各地土种山羊效果显著。

内蒙古白绒山羊

辽宁绒山羊

● **普通山羊** 无特定生产方向，生产性能不突出，有的偏向乳肉兼用，有的产肉和板皮性能较好，还有的兼有产肉、产绒等性能。主要有太行山黑山羊、乐至黑山羊、陕西白山羊、新疆山羊、西藏山羊、子午岭山羊等。

太行山黑山羊体质健壮、放牧能力强，肉质细嫩、膻味轻，脂肪分布均匀。

乐至黑山羊适应性强，前期生长发育快，产肉性能好，繁殖性能突出，遗传性稳定。

太行山黑山羊 （张春香 提供）

乐至黑山羊 （杨维仁 提供）

第三节 山羊生殖机能发育过程

一、性成熟

山羊性成熟是指它们生殖器官的发育已基本完成，开始具有繁殖后代的能力。一般，山羊的性成熟在生后6～7月龄，但也因山羊品种、性别和自然环境条件、饲养管理水平不同而异。如波尔山羊6月龄达性成熟；辽宁绒山羊生后7～8月龄达性成熟；济宁青山羊母羊在生后3月龄达性成熟。

辽宁绒山羊羔羊　（宋先忱　提供）

性成熟辽宁绒山羊　（宋先忱　提供）

二、初配年龄

一般体重达到成年体重的70%以上时可以开始配种。一般来说，早熟品种的初配年龄为6～12月龄，晚熟品种在1.5岁左右。公羊初配年龄比母羊晚些。

初配待产的辽宁绒山羊　（张　微　提供）

三、繁殖衰退

山羊最好的繁殖年龄为3～6岁，6岁以后繁殖力下降，以后逐渐失去繁殖能力。奶山羊可利用到8～10岁。种公羊一般只利用到5岁。

第四节　羊群结构及后备羊的选择

一、羊群结构

羊群中各类羊组成的比例与羊场的生产力和经济效益有直接关系。繁殖母羊、育成羊、羔羊比例应为5∶3∶2。在自然交配情况下，需种公羊3%～4%，育成公羊1%～2%。在人工授精情况下，种公羊占0.3%～0.5%，育成公羊及试情公羊占2%～3%。

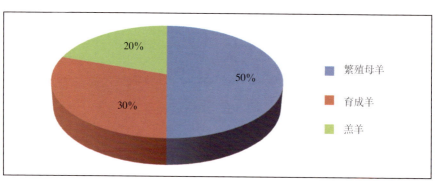

母羊群结构

二、后备羊的选择

● **按体型外貌选择**

辽宁绒山羊后备公羊　（张　微　提供）　　辽宁绒山羊后备母羊　　　（张　微　提供）

● **按生产性能选择**　按照体重、早熟性、产毛量、羔裘皮的品质等方面选择。

观察山羊绒生长情况

（贾志海　提供）

系谱档案

档案柜

专家查阅系谱

系谱档案室　　（贾志海　提供）

● **按系谱选择**　系谱档案是选择后备羊的重要资料依据。按照系谱选择后备羊，应考虑被选羊只祖先的生产性能和等级等。

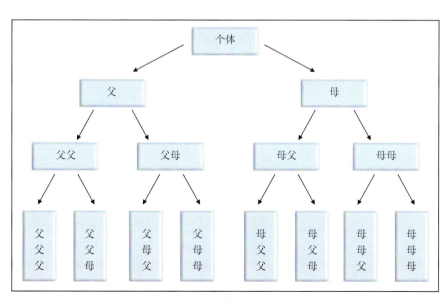

系 谱 图

第五节　发情和发情鉴定

一、发情

发情为母羊在性成熟后所表现出的一种具有周期性变化的生理现象。山羊为季节性发情家畜，一般在秋季发情旺盛，南方的一些山羊品种可终年发情。山羊发情周期平均为21天，每次发情持续24～48小时。

二、发情鉴定

● 外部观察法

母羊发情行为表现：
- 咩叫
- 来回走动
- 跳圈、拱槽、摇尾
- 食欲减退，甚至拒食
- 互相爬跨
- 主动接近公羊
- 接受公羊爬跨、交配

（宋先忱　提供）

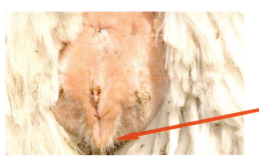

母羊发情生理表现：
- 外阴部充血
- 外阴部肿胀
- 子宫颈开张
- 外阴有黏液流出

（宋先忱　提供）

● **阴道检查法**　用开膣器插入母羊阴道，检查生殖器官的变化。

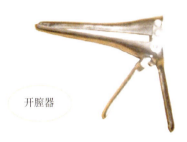

发情特征：
阴道黏膜的颜色潮红、充血、黏液增多、子宫颈松弛等

开膣器

羊阴道黏膜观察

（宋先忱　提供）

由于易造成感染，该方法只作为辅助的检查手段

● **试情法**　利用结扎输精管或挂试情布的公羊对母羊进行试情，根据母羊在性欲上对公羊的反应状况判断其发情程度。该方法简单易行，尤其是对发情不明显的母羊效果好。

试情用"肚兜"

（宋先忱　提供）

第六节 配种方法和繁殖控制技术

一、配种方法

羊的配种方法分自由交配、人工辅助交配和人工授精三种。

● **自由交配**

配种期，可根据母羊的数量，将选好的种公羊放入母羊群内任其自由寻找发情母羊进行交配

优点：节省人力；

缺点：影响羊只采食，无法了解配种的具体时间，无法预测预产期，系谱不清

（辽宁省畜牧科学院 宋先忱 提供）

● **人工辅助交配** 人工辅助交配也称个体控制交配，是将公、母羊分群隔离放牧，在配种期内用试情公羊对母羊群试情，把挑选出来的发情母羊与指定公羊交配。为确保受胎，最好在第1次交配后间隔12小时左右再重复配种1次。

● **人工授精**

| 采精 | → | 精液品质检查 | → | 稀释精液 | → | 精液保存 | → | 人工授精 |

人工授精可以扩大优秀种公羊的利用率，提高母羊受胎率，防止疾病传播

人工授精器械 （张建新 提供）　贮存冷冻精液的液氮罐 （宋先忱 提供）

● **第一步：采精**

➤ **安装假阴道** 采精前向假阴道内注入50～55℃热水。将清洁玻璃棒蘸上凡士林，涂在假阴道内壁上，然后从气嘴吹入空气，以吹至入口处呈三角形为宜。

假阴道内的温度在采精前以40～42℃为宜

假阴道安装 （宋先忱 提供）　采精前温度检查 （宋先忱 提供）

➤ **采精** 采精员用右手握住假阴道后端，固定好集精杯，并将气嘴活塞朝下，蹲在发情母羊或假台羊的右后侧，使假阴道与地面成

35°～40°角。当公羊爬跨而阴茎尚未触及台羊时，迅速将公羊阴茎导入假阴道内，当公羊后躯急速向前用力一冲时，即已射精，采精人员应立即取下假阴道，使集精杯的一端向下竖起，然后取下集精杯，加盖送实验室检查。

采 精　　　（宋先忱　提供）

● **第二步：精液品质检查**

➤ **肉眼观察**　正常精液为乳白色，呈云雾状，无味或略带腥味。一般，一次采精0.8～1.2毫升。

➤ **活力检查**

检查方法：
以灭菌玻璃棒蘸取一滴原精液，放在载玻片上加盖片，在400～600倍显微镜下观察

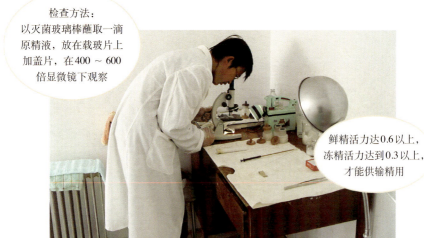

鲜精活力达0.6以上，冻精活力达到0.3以上，才能供输精用

（张建新　提供）

➤ 密度检查

精子密度检查

精子密度	标　准
密	视野中精子的数量多，精子之间的距离小于一个精子的长度
中	精子之间的距离大约等于一个精子的长度
稀	精子之间的距离大于一个精子的长度

精子密度达到"中"以上，才能供输精用

（宋先忱　提供）

● 第三步：精液稀释

种公畜精子密度很大，要稀释后才可以用

稀释精液好处多：增加精液量，扩大配种母羊数量，同时为其提供外源性能量，延长精子的存活时间

（宋先忱　提供）

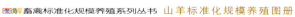

● **第四步：精液保存** 精液保存方法主要有低温保存和冷冻保存两种。羊的精液低温（0 ～ 5℃）可保存1 ～ 2天，冷冻（－196 ～ －79℃）可长期保存。

液氮罐

（宋先忱 提供）

生产上多将精液制成细管或颗粒储存于液氮罐中长期保存

（宋先忱 提供）

● **第五步：输精**

（宋先忱 提供）

母羊外阴清洗、消毒

精液装入输精枪，使用开腔器打开母羊阴道，将精液输入母羊子宫颈内1 ～ 2厘米

（宋先忱 提供）

二、繁殖控制技术

● 选择好的种公羊和母羊

注重从繁殖力高的母羊后代中选择培育公羊

体型外貌好

雄性特征明显

身体健壮

睾丸发育良好

我们这些母羊的繁殖成绩高，因此要选我们哦

（张　微　提供）

● **提高饲养水平**　要给种羊提供全价饲料，保证其营养水平，可以提高公羊的性欲，提高精液品质，促进母羊发情，增加排卵数，但注意不要使繁殖种羊过度肥胖。

● **调整羊群，提高适龄母羊在羊群中的比例**

辽宁绒山羊

济宁青山羊

适龄母羊在羊群中的比例
应占60%以上

有计划地淘汰老弱病羊和不孕羊，不断补充适龄母羊

波尔山羊

莱芜黑山羊

不同品种母羊群

● **选配原则** 选配是选种工作的继续，即在选种的基础上，根据母羊的特点，为其选择恰当的公羊与之配种，以期获得理想的后代。

选配原则

■ 公羊优于母羊
■ 以公羊优点弥补母羊缺点
■ 慎用亲缘选配
■ 及时做好记录并总结分析

配 种 记 录

母羊编号	配种日期	第几次配种	与配公羊号	输精时间	输精量	精子活率	输精时生殖器状况	备注

● **提高繁殖性能的措施** 提高山羊繁殖性能的主要技术措施，包括母羊的同期发情、诱导发情、超数排卵及胚胎移植等。

第七节 妊娠诊断

对配种后的母羊进行早期妊娠诊断，不仅可以确定母羊是否妊娠，而且还可以对未妊娠母羊进行淘汰或补配。对已受孕的母羊应加强饲养管理，避免流产。通常妊娠的早期判断有以下四种方法。

● **外部观察法** 母山羊配种怀孕后，周期发情停止，食欲增加，营养状况改善，毛色润泽，性情变得温驯，行为谨慎安稳。怀孕3～4个月后，腹围增加，且腹壁向右侧突出。

外部观察法不能早期确诊母羊是否妊娠，因此，经常结合触诊法进行诊断。

● **免疫学诊断法** 早期怀孕的母羊含有特异性抗原，这种抗原早在受精后第2天就能从怀孕羊的血液中检查出来，第8天可在母羊的胚胎、子宫及黄体中检出来。这种抗原是和红细胞结合在一起的，用它制备的抗怀孕血清，与母羊怀孕10～15天的红细胞混合时会出现红细胞凝集反应。如果母羊没有怀孕，红细胞不发生凝集现象。

● **超声波扫描** 该方法具有成本较低、使用方便、能在妊娠早期确定胎儿数量、对羊只的保定约束性小、处理羊只的数量多等优点，适合在规模养殖场使用。

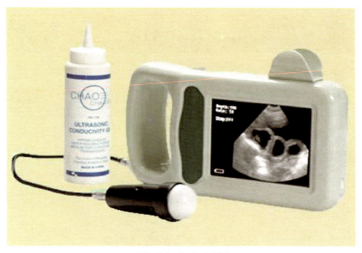

便携式超声波诊断仪

● **孕酮水平检测法** 用放射免疫法或蛋白结合竞争法测定怀孕母羊血浆或乳汁中的孕酮含量，可判定母羊是否怀孕。怀孕母羊（20～25天）每毫升血浆中孕酮含量大于2纳克。

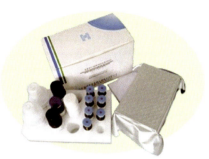

| 全自动化学分光免疫分析仪 | 孕酮酶联免疫吸附试验试剂盒 |

第八节 分娩预兆及分娩助产

一、分娩预兆

母羊在产羔之前，其机体器官和表现行为都会出现显著变化。

● **行为变化** 食欲减退，甚至反刍停止，排尿次数增多，精神不安，不时努责和咩叫，四肢刨地，回顾腹部等。

● **乳房变化** 乳房膨大，乳头增大变粗，能挤出少量清亮胶状液体或初乳。

● **外阴变化** 阴唇逐渐松软、肿胀并增大，且皮肤上的皱褶展平，充血，稍变红，阴道流出的黏液由稠变稀。

● **骨盆变化** 骨盆韧带松弛，肷窝凹陷。

二、正常接产

胎位正常时，应让母羊自行产出羔羊，接产人员主要负责监视分娩情况和护理出生羔羊。整个产羔期可分为子宫开口期、胎儿产出期和胎衣排出期。

正常接产时，首先要剪掉临产母羊乳房周围和后肢内侧的羊毛，然后用温水洗净乳房，挤出几滴初乳，再将母羊尾根、外阴及肛门洗净，并用1%来苏儿消毒。

羔羊出生后，先将羔羊口、鼻、耳内等处的黏液掏出擦净，再让其自己扯断脐带，或在离腹壁3～4厘米的适当位置剪断脐带，并消毒处理。羔羊身上的黏液应尽可能让母羊舔干，以增强母性和认羔。

母羊分娩后1小时左右，胎盘会自然排出，应及时取走，防止母羊吞食，养成恶习。若产后2～3小时母羊胎衣仍不下，需及时采取措施。

三、难产与处理

● **助产**　一般在羊膜破水后30分钟，如母羊努责无力、羔羊仍未产出，应助产。

助产人员应将指甲剪短磨光、消毒手臂、涂上润滑油，视难产情况作相应处理。母羊努责无力时，要用手握住羔羊前蹄或后蹄，顺势向后方轻拉。

胎位不正时，先将胎儿露出部分送回阴道，把母羊后躯抬高，手伸入产道校正胎位，随母羊有节奏的努责，将胎儿拉出。

● **假死羔羊处理**　羔羊产出后不呼吸，但发育正常、心脏仍跳动，即为假死。处理方法有两种：一是提起羔羊两后肢，悬空并不时拍击其背和胸部；二是让羔羊平卧，用两手有节律地推压胸部两侧。

四、初生羔羊的护理

● **吃好初乳**　初乳对羔羊的发育及增强抵抗力极为重要。羔羊出生后要让其尽早吃上初乳。

● **促使羔羊排出胎粪**　羔羊出生后一般在4～6小时排出胎粪。若羔羊咩叫、努责，可能是胎粪未排出，如24小时仍不见胎粪排出，应用温肥皂水灌肠，或给予轻泻剂，促使胎粪排出。

● **选择保姆羊**　如母羊有病或因一胎多羔或奶水不足时，应找保姆羊代哺。一般选择奶量多、产单羔的母羊作为保姆羊。

我饿，给我找个奶妈吧

五、母羊的护理

产后母羊应注意保暖、防潮、避风，保持安静休息。产后1～3天，应给予母羊质量好、易消化的饲草饲料，且喂量不应过大，尽量不喂精料，避免发生乳房炎，并注意饮用温水，3天后可转为正常饲养。

3 第三章 山羊营养与日粮配合技术

　　营养是动物的客观要求，饲料是营养物质的供应途径，饲料配合技术就是通过饲料合理搭配最大限度地满足山羊对营养物质的需求。

　　在当前山羊生产中，饲料成本约占总生产成本的70%。首先，弄清楚山羊需要什么营养物质，为什么需要，需要多少。然后，再弄清楚饲料中有什么营养物质，有多少，利用率如何。最终，通过配方设计、饲料加工和日粮配合技术，解决山羊在不同生长阶段和生产目的情况下营养物质的供求矛盾，是实现山羊低成本、科学化和标准化饲养的基础。

粗蛋白质、水、粗脂肪、粗灰分、粗纤维、无氮浸出物
饲料

动物吃的是饲料，实际上吃的是营养物质

粗灰分、水、粗脂肪、粗蛋白质、无氮浸出物
机体

山羊产品实际上是营养物质的积累
（山东农业干部管理学院
周佳萍　制图）

第一节　山羊营养与生理特点

一、山羊需要的营养物质

山羊体内和饲料中的概略养分

　　按照常规饲料分析方法，可将山羊需要及其饲料中存在的营养物质分为水分、粗灰分（Ash）、粗蛋白质（CP）、粗脂肪或乙醚浸出物（EE）、粗纤维（CF）和无氮浸出物（NFE）六大成分。因每一成分都包含着多种营养成分，成分不完全固定，故又称之为概略养分。

　　● **水分**　水是山羊最重要的营养物质之一，山羊不同生理阶段体内含水量不同。饲料种类不同，其含水量差异也很大，饲料中水的含量可以决定饲料的特性。饲料除去水分后剩余的物质称为干物质。由于山羊需要的水分可以通过饮水获得，因此，干物质是山羊日粮配合的首要指标。

山羊体内水分含量

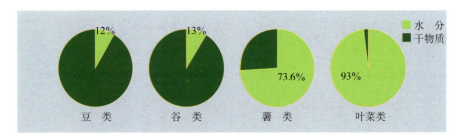

● **粗灰分**　粗灰分是指山羊体内和饲料中所有物质全部氧化后剩余的灰分，主要为钙、硫、钠、钾、镁等矿物质氧化物或盐类，在实际测定时，有时还含有少量泥砂，故称之为粗灰分或矿物质。饲料干物质除去粗灰分后剩余的物质称为有机物。有机物是山羊最需要的营养物质。

● **粗蛋白质**　粗蛋白质是指山羊体内和饲料中一切含氮物质的总称。在含氮化合物中，蛋白质不是唯一含氮物质，核酸、游离氨基酸、铵盐等不是蛋白质，但它们也含有氮，为此称为粗蛋白质。

● **粗脂肪**　脂肪是指山羊体内和饲料中油脂类物质的总称，包括真脂肪（甘油三酯）和类脂两类。在营养学研究规定的饲料分析方案中，用乙醚浸提油脂类物质，色素、脂溶性维生素等非油脂类物质也包含在其中，故称之为粗脂肪或乙醚浸出物。

山羊不同生理阶段体内化学成分

生理阶段	水分(%)	蛋白质(%)	脂肪(%)	灰分(%)	非脂肪物质			脱脂干物质	
					水分(%)	蛋白质(%)	灰分(%)	蛋白质(%)	灰分(%)
初生羔羊	74	19	3	4.1	76.2	19.6	4.2	82.2	17.8
瘦羊	74	16	5	4.4	78.4	17.0	4.6	78.2	21.8
肥羊	40	11	46	2.8	74.3	20.5	5.2	79.3	20.7
半育肥公羊	61	15	21	2.8	77.4	19.0	3.5	84.3	15.7

● **粗纤维**　存在于植物性饲料中，由纤维素、半纤维素、多缩戊糖、木质素及角质素组成的一类物质，是植物细胞壁的主要成分。山羊体内不含有粗纤维。粗纤维在化学性质和构成上均不一致，纤维素可称之为真纤维，其化学性质稳定，对于山羊，其营养价值与淀粉相似；半纤维素和多缩戊糖主要由单糖及衍生物构成，但含有不同比例的非糖性质的分子结构，因此，山羊对其消化利用率相对低；木质素则是最稳定、最坚韧的物质，化学结构极为复杂，对山羊无任何营养价值。

● **无氮浸出物**　饲料中除去水、粗灰分、粗蛋白质、粗脂肪和粗纤维以外的有机物质的总称，主要包括淀粉等可溶性碳水化合物。山羊对无氮浸出物的消化利用率很高。常规饲料分析不能测定无氮浸出物含量，通常是用有机物与粗蛋白质、粗纤维和粗脂肪之差来计算。

山羊体内和饲料中的纯养分

● **矿物元素**　常量元素：钙、磷、钠、钾、氯、硫、镁等。这些元素在山羊体内的含量为万分之几到百分之几。微量元素：铁、铜、锌、碘、锰、钴、硒等，在山羊体内的含量为千万分之几至十万分之几。

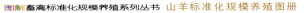

营养价值   缺乏症

- 参与体组织的结构组成（钙、磷、镁等）

- 作为酶的组分或者激活剂参与体内物质代谢（铜、锌、锰、硒等）

- 作为激素组成参与体内代谢调节（碘等）

- 以离子形式维持体内电解质平衡和酸碱平衡（钠、钾、氯等）

矿物元素

- 钙、磷：佝偻病、骨质疏松、产后瘫痪

- 镁：痉挛、抽搐

- 钠、钾、氯：异食癖、酸碱中毒

- 铁：贫血

- 锌：皮肤不完全角质化

- 铜：贫血、繁殖障碍

- 锰：骨异常

- 硒：肌肉营养不良、白肌病

（山东农业干部管理学院　周佳萍　制图）

● **氨基酸**　羊瘤胃微生物可以合成自身所需的几乎全部氨基酸。

营养价值   缺乏症

- 合成体蛋白

- 分解释放能量或转变为糖或脂肪作为能量储备

- 免疫功能

- 影响蛋白质周转代谢

氨基酸

氨基酸缺乏或者不平衡会导致动物食欲下降、机体生长受阻、代谢紊乱等一系列症状

（山东农业干部管理学院　周佳萍　制图）

● **维生素**　动物代谢所必需而需要量极少的低分子有机化合物。包括脂溶性维生素：维生素A、维生素D、维生素E和维生素K；水溶性维生素：B族维生素和维生素C。羊瘤胃微生物可合成B族维生素和维生素K。

营养价值		缺乏症
维生素主要以辅酶和催化剂的形式广泛参与体内代谢，从而保证机体组织器官的细胞结构和功能正常，维持动物健康和各种生产活动	维生素	■ 维生素A：夜盲症、骨发育不良 ■ 维生素D：佝偻病 ■ 维生素E：肌肉营养不良、白肌病 ■ 维生素C：精子凝集、贫血

（山东农业干部管理学院　周佳萍　制图）

二、山羊营养生理特点

● **山羊的复胃结构**　山羊有四个胃：瘤胃、网胃（蜂窝胃）、瓣胃（重瓣胃）、皱胃（真胃），这是其能反刍的物质基础。

瘤胃	网胃	瓣胃	皱胃
容积最大，成年羊的瘤胃约占总胃容量的80%	成年羊的网胃约占总胃容量的5%	成年羊的瓣胃约占总胃容量的5%	功能与单胃动物的胃相同，胃容量占总胃容量的7%～8%

（山东农业干部管理学院　周佳萍　制图）

● **瘤胃的微生物和功能**　瘤胃微生物区系是由已知的60多种细菌和纤毛虫组成的，在1毫升瘤胃内容物中，有细菌约100亿个，纤毛原虫约100万个，它们的数量和比例与饲料的组成特性、瘤胃内的酸碱度以及各种微生物对瘤胃环境条件的适应能力相关。瘤胃微生物能协助羊消化各种饲料并合成蛋白质、氨基酸、多糖及维生素，供其生长繁殖。

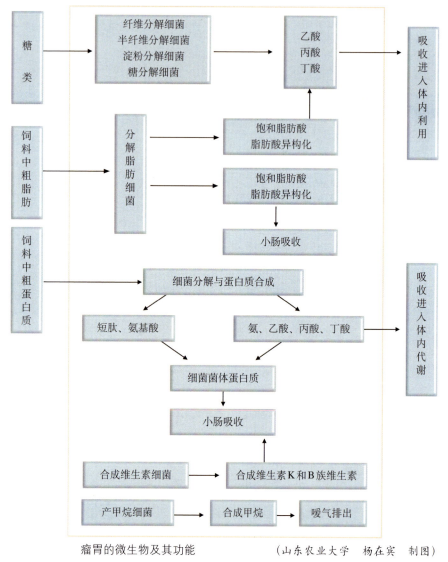

瘤胃的微生物及其功能　　　　　（山东农业大学　杨在宾　制图）

三、山羊营养需要量和饲养标准

需要量：山羊在一定客观条件下对营养物质的客观要求。

供给量：为了某种目的人为提供给山羊的营养物质量。

饲养标准：根据山羊的种类、性别、年龄、体重、生理状态和生产性能等，应用科学研究成果，并结合生产实践经验制订的山羊能量和营养物质供给量（定额）及有关资料。

山羊饲养标准

我国已颁布肉羊饲养标准，适用于以产肉为主，产毛、绒为副而饲养的山羊品种。

各阶段山羊营养需要

生长阶段	体重（千克）	日增重（千克／天）	干物质进食量（千克／天）	代谢能（兆焦／天）	粗蛋白质（克／天）	钙（克／天）	总磷（克／天）	食用盐（克／天）
羔羊	1	0.02	0.12	0.6	9	0.8	0.5	0.6
育肥羊	15	0.05	0.56	4.78	54	2.8	1.9	2.8
后备公山羊	12	0.02	0.5	3.36	32	1.5	1	2.5
妊娠母山羊（1～90天）	10		0.39	3.94	55	4.5	3	2
泌乳前期母羊（泌乳量0.50千克/天）	10		0.39	4.7	73	2.8	1.8	2
泌乳后期母羊（泌乳量0.50千克/天）	10		0.39	5.66	108	2.8	1.8	2

山羊对常量矿物元素每日营养需要量参数

常量元素	维持每千克体重需要量（毫克）	妊娠胎儿每增重1千克的母羊需要量（克）	每千克泌乳量需要量（克）	生长山羊每增重1千克需要量（克）	吸收率（%）
钙	20	11.5	1.25	10.7	30
总磷	30	6.6	1	6	65
镁	3.5	0.3	0.14	0.4	20

（续）

常量元素	维持每千克体重需要量（毫克）	妊娠胎儿每增重1千克的母羊需要量（克）	每千克泌乳量需要量（克）	生长山羊每增重1千克需要量（克）	吸收率（％）
钾	50	2.1	2.1	2.4	90
钠	15	1.7	0.4	1.6	80
硫	0.16%～0.32%（以进食日粮干物质为基础）				

山羊对微量矿物元素需要量（以进食日粮干物质为基础）

微量元素	推荐量（毫克／千克）
铁	30～40
铜	10～20
钴	0.11～0.2
碘	0.15～2.0
锰	60～120
锌	50～80
硒	0.05

第二节　饲料的加工

饲料加工的目的如下图所示。

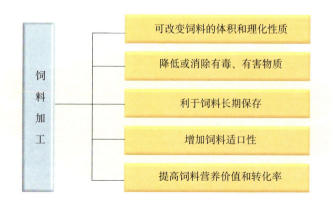

一、谷物精饲料的加工调制

```
                        ┌──────────┐
                        │  谷物加工  │
                        └──────────┘
        ┌────────┬────────┬────────┬────────┬────────┐
   ┌──────┐ ┌──────┐ ┌──────┐ ┌──────┐ ┌──────┐ ┌──────┐
   │ 粉 碎 │ │ 压 扁 │ │蒸汽压片│ │ 膨 化 │ │ 制 粒 │ │蒸煮与焙炒│
   └──────┘ └──────┘ └──────┘ └──────┘ └──────┘ └──────┘
   ┌──────┐ ┌──────┐ ┌──────┐ ┌──────┐ ┌──────┐ ┌──────┐
   │粉碎至 │ │不增加 │ │破坏某些│ │增加适 │ │增成本、│ │防止温度│
   │2毫米  │ │营养价值│ │蛋白质、│ │口性和 │ │破坏部分│ │过高、时│
   │       │ │        │ │维生素 │ │消化率 │ │维生素 │ │间过久 │
   └──────┘ └──────┘ └──────┘ └──────┘ └──────┘ └──────┘
```

二、青绿多汁饲料的调制

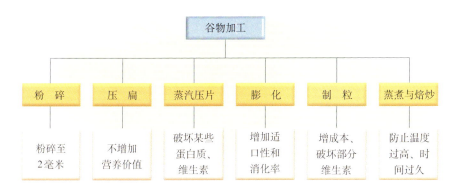

青饲料刈割　　　干　草

铡　短　　　粉　碎

三、粗饲料的加工与贮藏

粗饲料经过适宜加工处理，可明显提高营养价值，对开发粗饲料资源具有重要的意义。

干　草　制　作

● **青干草制作**　青干草是由青草（或其他青绿饲料植物）在未结籽实前刈割后干制成的饲料。优质青干草呈绿色，气味芳香，叶量大，含有丰富的蛋白质、矿物质和维生素，适口性好，消化率高。

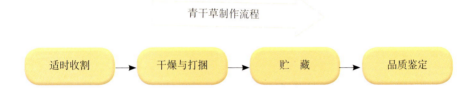

青干草制作流程

| 适时收割 | → | 干燥与打捆 | → | 贮　藏 | → | 品质鉴定 |

➤ **第一步：适时收割**

刈割时期：
孕穗期至抽穗期

禾本科牧草的刈割

刈割时期：
初花期至现蕾期

豆科牧草的刈割

干燥过程中需要注意：及时翻晒、堆积，防止雨淋

➤ 第二步：干燥与打捆

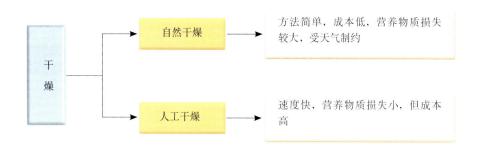

干燥 → 自然干燥 → 方法简单，成本低，营养物质损失较大，受天气制约

干燥 → 人工干燥 → 速度快，营养物质损失小，但成本高

打捆

为方便运输和贮藏，常把干燥到一定程度的散干草打成草捆

一般打捆时的含水量比贮藏时的含水量高，二次打捆时水分含量为14%～17%

➤ 第三步：贮藏

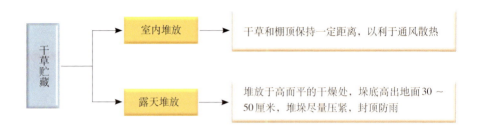

干草与顶棚保持距离，以利于通风散热

室内堆放不当，会导致霉变

➤ 第四步：品质鉴定

青干草品质鉴定

品质等级	颜色	养分保存	饲用价值
优良	青绿	完好	优
良好	淡绿	损失小	良
次等	黄褐	损失严重	差
劣等	暗褐	霉变	不宜饲用

● **干草加工** 用调制的干草粉碎做成草粉，是当前我国生产干草粉的主要途径。因原料和工艺不同，干草粉营养价值差别较大。一般以优质的豆科和禾本科牧草为原料，通过人工干燥的方法制得的草粉质量较好。当前国际商品草粉中95％都是苜蓿草粉。

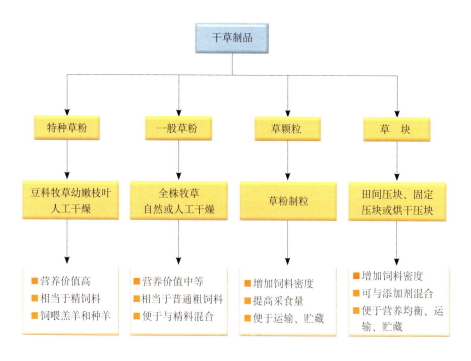

作物秸秆的加工调制

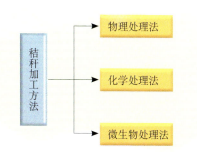

● **物理处理法**　主要利用人工、机械、热和压力等方法，改变秸秆物理性状，将其压粒、切短、撕裂、粉碎、浸泡和蒸煮软化。

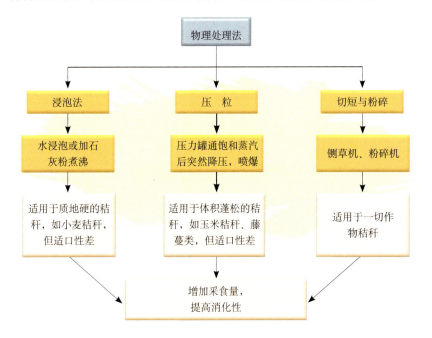

● **化学处理法**　利用酸、碱等化学物质对劣质粗饲料——秸秆饲料进行处理，降解纤维素和木质素等难以消化的物质，以提高其饲用价值。

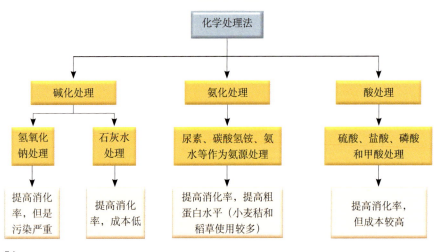

● **微生物处理法** 利用乳酸菌、酵母菌等有益微生物分解秸秆饲料中的纤维素。生产周期短、速度快，产品生物学价值高，适口性好，利于规模化生产。

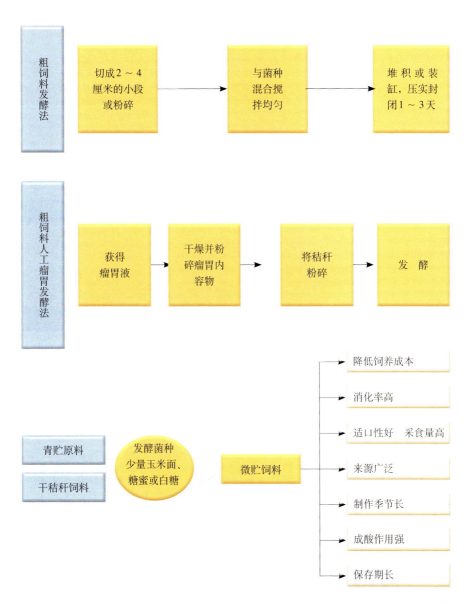

粗饲料营养价值评定

● **饲料品质评定** 饲料品质评定对日粮配制是一件十分重要的工作。通过对牧草等饲料品质的评定，能够准确掌握各种牧草和饲料潜在的饲用价值，有利于提高饲喂技术。青、粗饲料在山羊日粮中所占比例大，其品质的评定尤为重要。

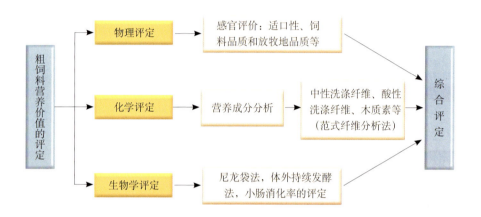

● **粗饲料营养价值的快速预测——剪切力技术**

➤**剪切力技术** 剪切力是指垂直于作物表面，将之切断所需的力值。剪切力技术作为一项粗饲料营养价值快速评定的新方法，能够反映动物择食趋向，同时可以鉴定营养价值的高低。

➤**技术原理** 通过剪切力与物理性状、营养成分含量和瘤胃降解率的相关回归预测模型，方便快捷地预测秸秆等粗饲料的成分及降解率等营养特性，为保证饲用作物的品质和实现适时收获提供依据。

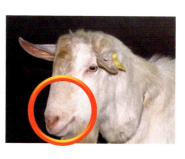

➤**专用仪器**　国家专利产品——便携式秸秆剪切力仪，适用于各种粗饲料剪切力的测定，并可用于田间测量，具有操作简单、实用便携、数显计量可靠精确、量值易读取和记录等特点。

便携式秸秆剪切力仪

以沃-布剪切仪工作原理为根据，针对粗饲料的特点设计：

■ 叶片、秸秆等形态多样

■ 强度大韧性强，难于切割

■ 量程0～2 000牛

■ 测量直径范围0～35毫米

■ 实时测定和田间测量

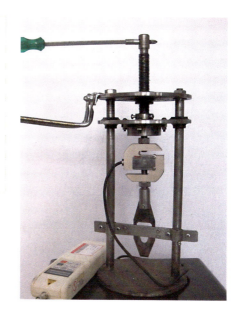

➤ **应用范围**　剪切力可应用于多种牧草及作物秸秆饲料营养价值的评定。如紫花苜蓿、黑麦草和姜苗等作物茎，以及不同品质小麦秸秆和玉米植株等。

| 剪切力技术 | 应用范围 | 小麦 | 玉米 | 姜苗 | 黑麦草 | 紫花苜蓿 | 牧草、秸秆 | …… |

➤ **操作步骤**　去除待测植株主茎上的叶、鞘、侧茎与花蕾等部分。将茎分为上、中、下共3段，分别测定剪切力，取平均值得到单株剪切力。通过剪切力与饲料营养特性的相互关系，进行粗饲料营养价值的快速评定。

➤ **应用范例之一**　用茎剪切力预测紫花苜蓿营养价值。

刘丽等（2009）通过建立紫花苜蓿茎剪切力（x，N）与植株化学组成（y，%）及养分降解率（y，%）的预测模型，研究紫花苜蓿营养物质含量及羊的利用率。

用茎剪切力预测紫花苜蓿营养物质含量和羊的利用率

指　　标	预测模型	评价结果
水分	$y = -0.06x + 80.38$	剪切力越大，水分含量越少
木质素	$y = 0.05x - 7.08$	剪切力越大，木质素含量越高
干物质降解率	$y = -0.09x + 55.51$	剪切力越大，干物质降解率越低
中性洗涤纤维降解率	$y = -0.09x + 31.35$	剪切力越大，中性洗涤纤维降解率越低

➤ **应用范例之二**　用茎剪切力预测玉米秸秆营养价值。

王兆凤等（2011）通过建立玉米秸秆不同生长阶段营养成分（y）与剪切力（x，N）的预测模型（鲜样基础），研究玉米秸秆营养物质含量。

用茎剪切力预测玉米秸秆营养物质含量

指　标	预测模型	评价结果
干物质（%）	$y=2.948 + 0.023x$	剪切力越大，干物质含量越高
有机物（%）	$y=2.640 + 0.023x$	剪切力越大，有机物含量越高
总能（千焦／千克）	$y=146.379 + 0.963x$	剪切力越大，总能值越大

四、青贮饲料的制作

● **青贮原理**　青贮实际上是在厌氧条件下，利用植物体上附着的乳酸菌，将原料中的糖分分解为乳酸，在乳酸的作用下，抑制有害微生物的繁殖，使饲料达到安全贮藏的目的。因此，青贮的基本原理是促进乳酸菌活动而抑制其他微生物活动的发酵过程。

● **青贮种类和特点**

➤ **高水分青贮**　被刈割的青贮原料未经田间干燥即行青贮，一般情况下含水量 70% 以上。这种青贮方式的优点为牧草不经晾晒，减少了气候影响和田间损失。

➤ **凋萎青贮**　在良好干燥条件下，刈割的鲜样经过 4 ~ 6 小时的晾晒或风干，使原料含水量达到 60% ~ 70%，再捡拾、切碎、入窖青贮。

➤ **半干青贮**　也称低水分青贮，主要应用于牧草（特别是豆科牧草）。降低水分，限制不良微生物的繁殖和丁酸发酵而稳定青贮饲料品质。调制高品质的半干青贮饲料：首先，通过晾晒或混合其他饲料使原料水分含量达到半干青贮的条件；然后，切碎后快速装填入密封性强的青贮容器。

● **青贮设施**　青贮要选择在地势高燥、地下水位较低、距离畜舍较近、远离水源和粪尿处理场的地方。青贮设施有多种，可根据养殖规模和经济条件选择。目前，常用的是青贮窖/池、青贮塔和青贮袋。

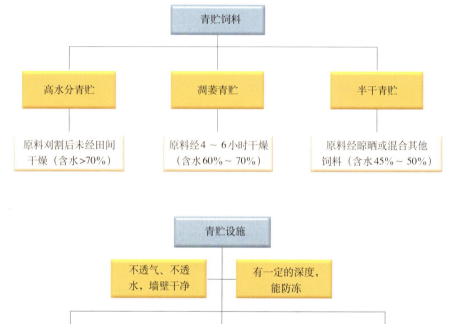

```
                    青贮饲料

   ┌──────────────┬──────────────┐
高水分青贮        凋萎青贮        半干青贮

原料刈割后未经田间   原料经4～6小时干燥   原料经晾晒或混合其他
干燥（含水>70%）   （含水60%～70%）   饲料（含水45%～50%）
```

```
                    青贮设施

        不透气、不透          有一定的深度，
        水，墙壁干净          能防冻

   ┌──────────────┬──────────────┐
青贮窖／池        青贮塔          青贮袋

地下式、地上式、   圆形，塔顶投料塔   聚乙烯塑料布为内袋
半地下式         底取用          或拉伸膜裹包青贮
```

➤ **青贮窖** 根据密度预算青贮量，预测青贮窖大小。

长方形青贮窖，窖口宽度4米左右，深度2米，根据青贮量确定长度

➤ **拉伸膜裹包青贮**　拉伸膜裹包青贮有利于青贮饲料的商品化流通，尤其对优质牧草的青贮常采用此种技术。把收获的青贮原料调控水分在70%左右，利用打捆机械和包膜机械直接打捆、包膜。贮存1个月左右，即可开包饲喂，也可长期保存。

拉伸膜裹包青贮

（山东畜牧总站　曲绪仙　提供）

● **青贮步骤**　以玉米秸秆青贮窖青贮为例，青贮饲料制作步骤如下。

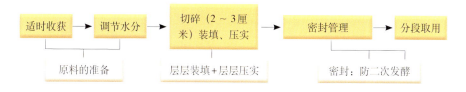

➤ **第一步：原料的准备**　适时收割，并调节含水量至65%～70%。一般青贮玉米在蜡熟期收割最宜。水分含量过高的原料要经过处理或与水分含量少的原料混贮。豆科类原料要进行晾晒使之失水，进行半干青贮或与禾本科混贮。

禾本科（蜡熟期）青贮

豆科牧草（初花期）青贮

青贮原料的适时收获

（山东农业大学　张桂国）

➤ **第二步：切碎、装填、压实** 原料应边切碎，边装填，边压实，层层装填，层层压实。在生产中，一般把粉碎机安装在青贮窖的周围，直接把原料切短后填在窖内，同时用机械或人工进行压实。如需加入添加剂，则在装填的过程中要层层加入。装填的饲料可高出青贮窖边缘10～20厘米。

青贮原料的粉碎　　　　　（山东农业大学　张崇玉）

青贮窖的装填、压实　　　　（山东农业大学　张崇玉）

➤ **第三步：密封**　严密封顶，防止进气、进水。装填完毕后立即用无毒聚乙烯塑料薄膜覆盖，将边缘全部封严，然后在塑料薄膜上面再覆盖10～20厘米土层。

青贮窖　　　　　　　（山东农业大学　杨在宾　提供）

➤ **第四步：取用**　一般青贮饲料制作40～45天后可以取用。方形青贮窖一般从一头启封，圆形窖从顶部启封，每次取够一天用量。小型青贮窖可人工取用，规模大的青贮窖可用机械取用，用后盖好，防止与空气接触产生二次发酵。

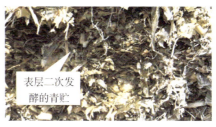

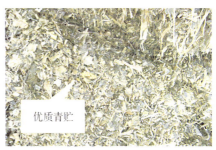

（山东畜牧总站　姜慧新　提供）

● **青贮饲料品质鉴定** 青贮饲料品质鉴定包括感官鉴定和营养品质的鉴定。在生产中，最常用的就是现场感官鉴定青贮饲料等级。

青贮饲料分级标准

标准	色	香	味	手感	结构
优	黄绿、青绿近原色	芳香、醇香	酸味浓	湿润、松散	茎、叶、茬保持原状
中	黄褐、暗褐	刺鼻的酸味，香味淡	酸味中	发湿	柔软，水分稍多
劣	黑色、墨绿	刺鼻臭味	酸味淡	发黏	滴水

● **保证青贮质量的要点**

➢ **原料的选择** 选择适合的原料是保证青贮饲料质量的前提。含糖分较多的饲料原料利于青贮，水分较多的原料和蛋白含量较多而糖分含量少的原料应先晾晒。

➢ **密封保存** 防止进气、进水。

➢ **取用** 防止二次发酵。

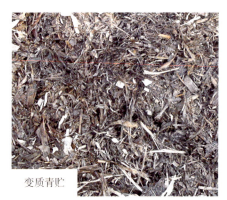

变质青贮

良好青贮

第三节 山羊日粮配合技术

通过日粮配合，实现饲料原料的最佳组合，成本的最佳优化；可以充分利用当地农副产品等饲料资源，提高饲料转化率；采用现代化的成套饲料设备，经过特定的加工工艺，将配合饲料中的微量成分混匀，加工成各种类型的饲料产品，保证饲料饲用的营养性和山羊产品生产的安全性。

一、日粮配合的概念

● **饲料配方的概念** 饲料配方是参照饲养标准，利用各种饲料原料而制订的满足动物不同生理状态下对各种营养物质的需要，并达到预期的某种生产能力的饲料配比。

饲料合理搭配

各种饲料间的配比量

各种原料的营养物质之间的互补作用和制约作用

● **设计饲料配方的原则**

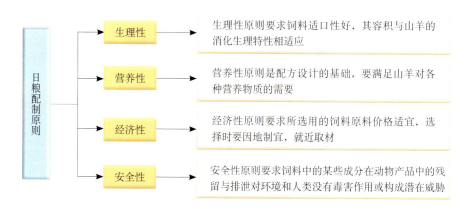

日粮配制原则	生理性	生理性原则要求饲料适口性好，其容积与山羊的消化生理特性相适应
	营养性	营养性原则是配方设计的基础，要满足山羊对各种营养物质的需要
	经济性	经济性原则要求所选用的饲料原料价格适宜，选择时要因地制宜，就近取材
	安全性	安全性原则要求饲料中的某些成分在动物产品中的残留与排泄对环境和人类没有毒害作用或构成潜在威胁

➤ **生理性原则**　山羊是反刍动物，青、粗饲料是保障瘤胃发酵正常和山羊健康的日粮基础。日粮中粗饲料比例越高，质量越好，越有利于山羊的健康。良好的健康才是山羊高产、高效、优质、安全规模化生产的前提。如果日粮结构中青、粗饲料比例低于50%，瘤胃功能和山羊健康就会受到影响。

➤ **营养性原则**　日粮配合的目标是满足山羊生活和生产需要的各种营养物质。山羊吃的是饲料，真正需要的是其中的营养物质。

在设计日粮配方时，首先必须满足山羊对能量的要求，其次考虑蛋白质、矿物质和维生素等的需要。配合日粮时，在重视营养物质均衡供应的同时，还要考虑到日粮体积应与羊消化道相适应，饲料的组成应多样化和适口性好。

山羊需要的营养物质

▶ **经济性原则**　在山羊生产中，由于饲料费用占很大比例，配合日粮时，必须因地制宜，充分利用当地饲料资源，巧用饲料，选用营养丰富、质量稳定、价格低廉、资源充足的饲料。

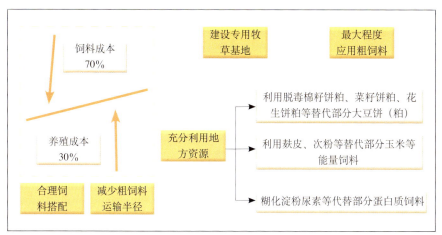

降低饲料成本的方式

▶ **安全性原则**　山羊配合饲料生产要兼顾山羊、人和环境的安全性。控制日粮营养平衡，减少山羊排泄物氮、磷等对环境的危害。

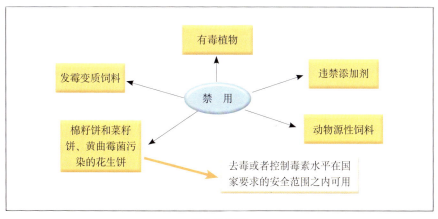

安全性原则

● **日粮配制程序** 首先，将维生素、微量矿物质饲料、添加剂等与载体配合，制备成预混料；然后，再与常量矿物质饲料、植物性蛋白质饲料和能量饲料混合，制备成精料；最终与青饲料、粗饲料混合成全价饲料（全混合日粮）饲喂山羊。

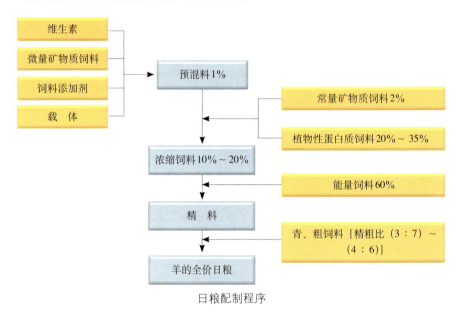

日粮配制程序

二、日粮配合的方法

● **日粮组成** 山羊饲养以青、粗饲料为主，在舍饲条件下适当补充精料，以满足不同生长阶段的营养需求。配制日粮时应根据营养需要，注意精、青、粗饲料及添加剂的合理搭配。

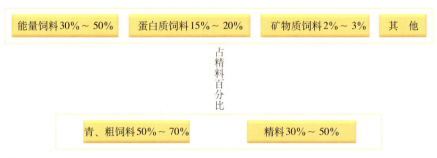

● 日粮配方设计

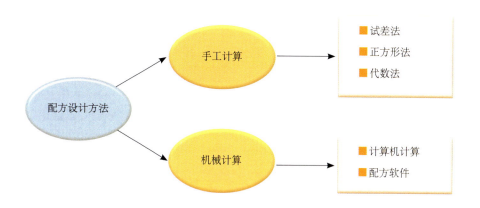

下面以试差法为例，介绍山羊日粮配方的设计步骤。

试差法是将各种原料，根据自己的经验，初步拟订一个大概比例，然后用各自的比例去乘该原料所含的各种养分的百分含量，再将各种原料的同种养分之积相加，计算出各种营养物质的总量。将所得结果与饲养标准进行对照，看它是否与山羊饲养标准中规定的量相符。如果某种营养物质不足或多余，可通过增加或减少相应的原料比例进行调整和重新计算，反复多次，直至所有的营养指标都能满足要求。这种方法简单易学，学会后就可以逐步深入，掌握各种配料技术，因而广为利用，是目前山羊场普遍采用的方法之一。

例：饲养1只体重30千克的泌乳前期母山羊，要求日泌乳量0.75千克。

➤ 第一步：查饲养标准　从饲养标准中查得，体重30千克，日泌乳量0.75千克的山羊的养分需要量见下表。

每天营养需要量标准

干物质采食量（千克）	消化能（兆焦）	粗蛋白质（克）	钙（克）	磷（克）	食用盐（克）
0.9	11.04	128	5.1	3.4	4.5

根据饲养标准，饲料中水分不高于14%，以14%计，折算成风干日粮基础，则山羊每千克日粮需要标准如下表。

风干基础每千克日粮营养需要量标准

每千克干物质消化能（兆焦）	粗蛋白质（%）	钙（%）	磷（%）	食用盐（%）
10.55	12.23	0.49	0.32	0.43

➤ **第二步：列出羊饲料营养价值表**　查饲料价值表或根据实际测定，得出所用各种饲料原料的营养成分。根据当地草料资源，如当地有大量青贮玉米秸和羊草，配合日粮应首先选用这些粗饲料，再根据营养物质的不足，搭配富含能量、蛋白质的精料，并补充钙、磷，选择玉米、豆粕、麸皮、石粉、磷酸氢钙等组成混合精料。查以上原料营养成分见下表。

所选原料营养成分

中国饲料号	饲料名称	干物质（%）	羊每千克干物质消化能（兆焦）	粗蛋白质（%）	钙（%）	总磷（%）
3-03-605	玉米青贮	22.7	2.26	1.6	0.1	0.06
1-05-645	羊草	92	9.56	7.3	0.22	0.14
4-07-0279	玉米	86	14.27	8.7	0.02	0.27
5-10-0102	大豆粕	89	14.27	44	0.33	0.62
6-14-0003	磷酸氢钙				23.29	18
6-14-0006	石粉				35.84	

➤ **第三步：按能量和蛋白质的需求量初拟配方**　根据饲料配方实践经验和营养原理，初步拟定日粮中各种饲料的比例。

设定玉米青贮占45%，羊草占20%，预混料为0.5%，能量饲料玉米为16%，根据计算加磷酸氢钙0.3%，石粉0.42%，可满足该阶段山羊对钙、磷的需要量，食盐为0.43%，则豆粕添加量为17.35%。详见下表。

初步拟定的日粮配方及营养成分

日粮组成	日粮配比（%）	营养指标	营养水平	与标准的差值
玉米	16	粗蛋白质（%）	13.21	0.98
大豆粕	17.35	羊每千克干物质消化能（兆焦）	10.52	− 0.03
磷酸氢钙	0.3	钙（%）	0.5	0.01
石粉	0.42	总磷（%）	0.33	0.01
食盐	0.43			
预混料	0.5			
玉米青贮	45			
羊草	20			

➤ **第四步：调整配方** 从上表看出，能量基本合适，钙、磷已满足需求，蛋白质差别最大，下一步主要考虑调整能量和蛋白质，使它们符合饲养标准。采用的方法是降低饲料配方中某种原料的比例，同时增加另一原料的比例，二者的增减数相同，即用一定比例的某一种原料代替另一种原料。计算时，可先求出每代替1%时，日粮能量和蛋白质改变的程度，然后结合第三步中求出的与标准的差值，计算出应该代替的百分数。

用能量较高的玉米原料代替蛋白质含量较高的豆粕。增加玉米2.85个百分点，豆粕相应降低2.85个百分点。经此调整后，重新计算日粮各种营养成分的浓度见下表。

第一次调整后的日粮组成与营养成分

日粮组成	日粮配比（%）	营养指标	营养水平	与标准的差值
玉米	18.85	粗蛋白质（%）	12.21	− 0.02
大豆粕	14.5	羊每千克干物质消化能（兆焦）	10.52	− 0.03
磷酸氢钙	0.3	钙（%）	0.49	0.00
石粉	0.42	总磷（%）	0.32	0.00
食盐	0.43			
预混料	0.5			
玉米青贮	45			
羊草	20			

➤ **第五步：调整** 观察调整后配方的营养浓度，能量、粗蛋白质、钙、磷已经达到饲养标准值。然后，根据需要进一步补充山羊必需氨基酸、维生素等。最终调整后的配方及营养浓度见下表。

最终日粮组成与营养成分

日粮组成	日粮配比（%）	营养指标	营养水平	与标准的差值
玉米	18.85	粗蛋白质（%）	12.21	− 0.02
大豆粕	14.5	羊每千克干物质消化能（兆焦）	10.52	− 0.03
磷酸氢钙	0.3	钙（%）	0.49	0.00
石粉	0.42	总磷（%）	0.32	0.00
食盐	0.43			
预混料	0.5			
玉米青贮	45			
羊草	20			

从以上步骤看出，试差法计算饲料配方需要一定的经验。初拟配方时，先将矿物质、食盐、预混料等原料的用量确定；对原料的营养特性要有一定了解，确定含毒素、营养抑制因子等原料的用量；调整

配方时，先以能量和蛋白质为目标进行，然后考虑矿物质和氨基酸；矿物质不足时，先以含磷高的原料满足磷的需要，再计算钙的含量，钙不足时，以低磷高钙的原料（如石粉）补足。

三、山羊饲料配方要点

山羊典型日粮配方

山羊饲料配方：粗料用玉米青贮＋羊草、玉米青贮＋花生秧、玉米青贮＋甘薯秧、玉米青贮＋苜蓿草四个配方。

● **妊娠母羊饲料配方实例（％）**

配方	1	2	3	4	5
玉米青贮	71.95	56.74	50.64	41.34	67.48
羊草		11.24			
花生秧			12.82		
甘薯秧				13.33	
苜蓿草					4.85
精料	28.05	32.02	36.54	45.33	27.67
合计	100.00	100.00	100.00	100.00	100.00
精料组成					
玉米	91.62	91.45	96.87	95.03	97.07
豆粕	4.67	4.36	0.00	2.31	0.00
棉籽粕	0.00	0.00	0.00	0.00	0.00
麸皮	0.00	0.00	0.00	0.00	0.00
食盐	0.72	0.78	0.72	0.66	0.78
磷酸氢钙	1.08	1.45	1.58	1.23	1.24
石粉	1.08	1.05	0.00	0.00	0.00
预混料	0.83	0.91	0.83	0.77	0.91
精料合计	100.00	100.00	100.00	100.00	100.00

注：1. 玉米青贮为玉米秸秆青贮。

2. 此配方可满足妊娠母羊体重30千克，妊娠期1～90天的营养需要量。

● 泌乳母羊饲料配方实例（％）

配方	1	2	3	4	5
玉米青贮	85.30	76.37	76.37	72.27	80.36
羊草		8.44			
花生秧			8.44		
甘薯秧				9.09	
苜蓿草					7.64
精料	14.70	15.19	15.19	18.64	12.00
合计	100.00	100.00	100.00	100.00	100.00
精料组成					
玉米	58.75	54.14	60.86	63.00	67.56
豆粕	37.50	41.14	35.20	33.80	29.06
棉籽粕	0.00	0.00	0.00	0.00	0.00
麸皮	0.00	0.00	0.00	0.00	0.00
食盐	1.07	1.23	1.22	1.07	1.35
磷酸氢钙	0.38	0.86	1.29	0.88	0.47
石粉	1.05	1.20	0.00	0.00	0.00
预混料	1.25	1.43	1.43	1.25	1.56
精料合计	100.00	100.00	100.00	100.00	100.00

注：1. 玉米青贮为玉米秸秆青贮。

2. 此配方可满足泌乳前期母羊，体重30千克，泌乳量每天0.75千克的营养需要量。

● 羔羊补料配方实例（％）

配方	1	2	3	4	5
玉米青贮	82.58	72.66	72.66	67.23	83.36
羊草		8.59			

（续）

配方	1	2	3	4	5
花生秧			8.59		
甘薯秧				10.08	
苜蓿草					4.16
精料	17.42	18.75	18.75	22.69	12.48
合计	100.00	100.00	100.00	100.00	100.00
精料组成					
玉米	89.44	89.30	96.05	93.49	96.80
豆粕	6.67	6.25	0.00	3.33	0.00
棉籽粕	0.00	0.00	0.00	0.00	0.00
麸皮	0.00	0.00	0.00	0.00	0.00
食盐	0.96	1.07	1.07	0.96	1.07
磷酸氢钙	0.78	1.13	1.63	1.11	0.88
石粉	1.04	1.00	0.00	0.00	0.00
预混料	1.11	1.25	1.25	1.11	1.25
精料合计	100.00	100.00	100.00	100.00	100.00

注：1. 玉米青贮为玉米秸秆青贮。

2. 此配方可满足生长育肥羔羊，体重10千克，日增重0.06千克的营养需要量。

● 后备羊饲料配方实例（%）

配方	1	2	3	4	5
玉米青贮	71.63	73.6	76.37	72.27	80.36
羊草		11.21			
花生秧			8.44		
甘薯秧				9.09	
苜蓿草					7.64
精料	28.37	15.19	15.19	18.64	12.00
合计	100.00	100.00	100.00	100.00	100.00

(续)

配方	1	2	3	4	5
精料组成					
玉米	97.20	54.14	60.86	63.00	67.56
豆粕	0.00	41.14	35.20	33.80	29.06
棉籽粕	0.00	0.00	0.00	0.00	0.00
麸皮	0.00	0.00	0.00	0.00	0.00
食盐	0.72	1.23	1.22	1.07	1.35
磷酸氢钙	0.33	0.86	1.29	0.88	0.47
石粉	0.92	1.20	0.00	0.00	0.00
预混料	0.83	1.43	1.43	1.25	1.56
精料合计	100.00	100.00	100.00	100.00	100.00

注：1. 玉米青贮为玉米秸秆青贮。
2. 此配方可满足后备公山羊，体重18千克，日增重0.04千克的营养需要量。

● 育肥羊饲料配方实例（％）

配方	1	2	3	4	5
玉米青贮	95.65	88.26	88.26	87.88	70.61
羊草		6.52			
花生秧			6.52		
甘薯秧				6.93	
苜蓿草					4.39
精料	4.35	5.22	5.22	5.19	25.00
合计	100.00	100.00	100.00	100.00	100.00
精料组成					
玉米	0.00	0.00	0.00	0.00	0.00
豆粕	76.73	53.80	67.13	67.13	55.20
棉籽粕	0.00	0.00	0.00	0.00	0.00
麸皮	0.00	23.33	10.00	10.00	12.00

（续）

配方	1	2	3	4	5
食盐	2.87	2.87	2.87	2.87	4.30
磷酸氢钙	15.67	16.67	16.67	16.67	23.50
石粉	1.40	0.00	0.00	0.00	0.00
预混料	3.33	3.33	3.33	3.33	5.00
精料合计	100.00	100.00	100.00	100.00	100.00

注：1. 玉米青贮为玉米秸秆青贮。

2. 此配方可满足育肥山羊，体重15千克，日增重0.2千克的营养需要量。

山羊不同生理阶段配方要点

● **哺乳期羔羊混合日粮配方** 哺乳期羔羊以吃乳为主要的养分来源，一般出生后7～10天就开始跟随母羊采食草料，"早期断奶，及早补饲"是提高羔羊生产效率的必要步骤。早期补饲可促进羔羊瘤胃的发育，随同母羊一起采食，能使母羊唾液中的微生物定植到羔羊体内。此期内因为羔羊瘤胃尚未发育完好，所以补饲料要以易消化、蛋白质丰富的饲料为主，如豆粕、膨化豆粕、花生粕。干草类以优质的甘薯秧、花生秧、苜蓿草、羊草为主。

羔羊以吃乳为主
要营养源哦

● **断奶—育肥期山羊日粮组成** 羔羊哺乳期为3～6个月，可根据生产状况逐渐断奶，过渡到完全以饲料供给营养。断奶后是羔羊生长发育较快的时期，这时期要求营养足量、全面、平衡，同时这一时期，山羊耐粗饲，配方可以优质的干草、秸秆类、青贮饲料为主，辅以适量精料，加快育肥速度。从断奶后到育肥期，精料中杂粕类、糟渣类、麸皮、次粉等饲料原料均可逐渐增加使用，在满足营养需要的基础上节约成本。

(山东农业大学 张桂国 制图)

● **种公羊全价日粮配方** 在调配种用公羊全价日粮配方时，除满足营养需求外，在日粮组成上要有选择地使用原料，配种期少用杂粕，多用优质蛋白质饲料，同时特别注意微量元素及维生素的补充。种公羊的日粮质量直接影响其精液质量和使用年限，因此，其日粮组成应选用豆粕、玉米、麸皮、羊草、苜蓿、黑麦草、花生秧、甘薯藤等优质的青、粗、精料。配种期少用或不用青贮饲料。

豆　粕
10%～15%

青干草
30%～50%

多汁类
10%～20%

全价日粮

青　贮
20%～30%

能量饲料
10%～20%

● **母羊日粮配合要点**　不同生长阶段的母羊，如后备母羊、妊娠期母羊、哺乳期母羊等，各个阶段有不同的养分需求。妊娠期母羊尽量少喂或不喂青贮料。哺乳期羔羊每增重1千克，平均要消耗5千克母乳，因此，要给哺乳期母羊加喂精料，补充营养。

建议母羊日粮成分配比

断角，防止互相争斗，导致流产

母羊日粮组成比例示例　　　　　（张桂国）

第一节 山羊的饲养方式

● **放牧** 放牧饲养适于地广人稀的天然草原地区、丘陵地区或高山地区，容易受季节、气候等因素的影响，造成草畜矛盾，甚至过度放牧还会破坏草场。

丘陵地区或高山地区
天然草场放牧

天然草场和人工草场放牧

平原地区道路和农田边放牧

● **半舍饲**　这种饲养方式也较简单、灵活，既适合农区，也适合于半农半牧区。白天放牧路边、田边、河滩或山坡，晚上根据白天放牧的情况补饲干草、精料或农副产品。

● **舍饲**　舍饲是城市郊区和农业发达而土地资源有限的地区采用的一种饲养方式。采用舍饲养殖，山羊生长速度快，出栏率高，肉质较好，便于管理和控制，适用于发展山羊标准化规模养殖。此种方式要注意选择羊的品种，同时羊舍外要有运动场。

舍　饲　　　　　（四川农业大学　张红平）

第二节　种羊的饲养管理

一、种公羊的饲养管理

● **日粮营养丰富**　种公羊的日粮必须含有丰富的蛋白质、维生素和矿物质，饲料多样化，营养全面，且易消化，适口性好。非配种期每日供给混合精料0.2～0.4千克，青饲料或胡萝卜0.5～0.7千克，青干草3千克，分两次饲喂，早、晚各饮水一次。配种期每日供给混合精料1千克，青饲料或胡萝卜0.75～2千克，优质干草不限量，分2～3次饲喂，饮水3～4次。

● **分栏饲养**　配种期的种公羊要与母羊群分开，单栏饲养。

莱芜黑山羊种羊舍　　　　　　　　　（山东农业大学　张崇玉）

● **适量运动**　种公羊要保持适量运动，否则，运动不足，会发胖，降低体质，影响性欲。每周要强迫运动2～3次，每次不少于1.5小时。但运动量不宜过大，否则不利于健康。

快起来，懒羊羊，你该运动啦

看看咱！运动才能增强体质

● **定期防疫和保健**　定期检疫和注射疫苗，做好体内外寄生虫病的防治工作。每天用铁梳刷拭羊体 1 ～ 2 次，每次 15 ～ 20 分钟，同时用手有节奏地按摩睾丸 5 分钟以上。

● **采精及品质检测**　配种前1个月开始采精，并检查精液品质。开始采精时，1周采精1次，继后1周2次，再后2天1次。

● **合理控制配种强度**　以每天配种1～2次为宜，旺季可日配种3～4次，但要注意连配2天后休息1天。在配种期间，每天给公羊加喂1～2个鸡蛋，在高峰期可每月给公羊喂服1～2剂温中补肾的中药汤剂。

二、种母羊的饲养管理

● **空怀期**　这一时期要做好母羊的抓膘复壮，为日后的妊娠储备营养。

我想要个宝宝了，要给我足够的蛋白质、矿物质、维生素哦，保持好的体况

配种前1个月进行短期优饲，所需日粮干物质总量占体重的2.5%～2.8%，每日喂给混合精料0.75～1千克。对白天采食不饱的个体要喂夜草。

如果我们偏瘦，给我
们吃点高蛋白和高能
量食物，只要15天左
右，就可以恢复体力，
保证怀孕

为了下一代，
只有牺牲我
苗条的身材了

● **妊娠前期**　如果母羊在配种后17～20天不再发情，表明已妊娠。妊娠的前3个月为妊娠前期，饲喂优质青草即可满足营养需求，不用补饲精料。要避免羊群拥挤，保证充足的草架、料槽及水槽，不使羊群受惊猛跑，不能紧追急赶，不让公羊追逐爬跨怀孕羊，以防止其早期隐性流产。

我们有小宝宝了，
不能给吃霜草和霉
变饲草，不能喝污
水，要给我们做好
清洁卫生哦

虽然我们有小宝宝了，可是并不需要太多的养分，只要饲料质量好点就行。吃得太多会肥胖，导致难产

● **妊娠后期**　分娩前2个月为妊娠后期。妊娠后期要加强营养供给，饲喂优质干草和精料。一般日喂青干草1.0～1.5千克，青贮料1.0～2.0千克，混合精料0.3～0.5千克。精料中的蛋白质水平一般为15%～18%，能量水平不宜过高，要特别注意增加钙、磷的供给。

他们把好吃的都给我了

▲ **重点**　保胎保膘。羊群进出运动场、补饲、补水要慢而稳，羊舍应保持温暖、干燥、通风良好。产前3周单圈关养，产前1周多喂多汁饲料，减少精料喂量；加强看护，做好接羔准备工作。

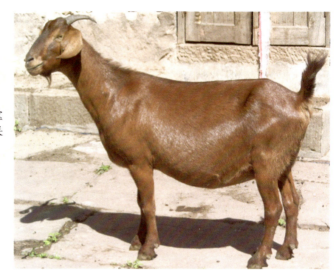

我很快就要生宝宝了，你们要密切关注我哦

从我的表情就可以知道我快要生宝宝了，请多关心我

● **哺乳前期** 产后前2个月为哺乳前期。产后要立即饮用温红糖麸皮水，并给予多汁易消化的饲料，不喂或少喂精料，且喂量要由少到多；预防感冒；做好羊体及舍内外清洁卫生。约10天后过渡到泌乳前期的饲养日程上。

哺乳前期应视母羊膘情、带羔数量确定母羊饲料喂量。产单羔的母羊每天补精料0.3～0.5千克，产双羔的母羊每天补精料0.4～0.6千克。另外，每天每只母羊饲喂干草1千克，多汁饲料1.5千克。

我有两个可爱的宝宝，每天要补精料0.4～0.6千克

我只有一个宝宝，每天要补精料0.3～0.5千克

乖，你多吃点

● **哺乳后期** 产羔2个月以后的时期为哺乳后期。要加强羔羊补饲，并逐渐减少母羊精料用量，直至完全停喂精饲料。在管理上，母羊要多运动，早断奶，以利早发情。

第三节 羔羊的饲养管理

哺乳期是羔羊生长发育最快的时期，需要加倍注意饲养管理。

● **早吃初乳** 羔羊出生后，要让其尽量在半小时内吃到初乳。母羊产后5天内分泌的乳汁为初乳。首次喂奶前，先用0.05%的高锰酸钾溶液或淡盐水将母羊乳房、乳头擦洗干净，挤出少许乳汁弃掉，然后人工辅助羔羊吃奶。

妈妈的乳汁真甜

（四川农业大学 张红平）

● **人工哺乳** 对缺奶羔羊，应用牛奶、奶粉等乳制品进行人工哺乳，不能饲喂玉米糊和小米粥等淀粉含量高的饲料。人工哺乳应做到定时、定量、定温、定质、保洁，奶温控制在40～42℃。开始人工哺乳时，每次200～250毫升，以后随日龄增加而增加，每周调整1次。哺乳后用消毒的毛巾擦净羔羊嘴上的残余乳汁。

● **早期补饲** 羔羊出生10天以后，安置补饲栏，开始训练其吃草料。全部羔羊会吃料后，每日每只补喂精料50～100克，2月龄后，每日补喂精料200～250克，自由采食青干草。

● **编号** 目前，常用耳标法给羊只编号。耳标用铝片或塑料制成。戴耳标时，用打孔钳在羊耳中部打一圆孔，用碘酒消毒后，将事先用钢字打好号码的耳标扣上。

● **适时断奶** 哺乳后期逐渐减少喂奶量，同时增加精料和优质牧草的喂量。2月龄以后，当每只羔羊每天能采食200克以上精料时即可断奶。一般采用一次性断奶，将母仔分离后不再合群。隔离4～5天，断奶即可成功。之后，断奶羔羊按照性别、体格分群饲养管理。

妈妈，再见！兄弟们，我们走

孩子们，你们都长大了，该自己出去闯荡一番了

第四节　育肥山羊的饲养管理

一、羊只的选择

● **品种**　虽然所有品种的山羊都能用于育肥，但品种不同，育肥效果差异很大。应根据本地实际情况，选择适应本地生态环境、饲养条件、生长快、肉质好的品种进行育肥。

波尔山羊和南江黄羊都是育肥的好品种

● **年龄**　羔羊育肥增重快，饲料报酬高，达6～8月龄即可出栏。成年羊或繁殖力低下的淘汰母羊，可实行短期强度育肥。

二、育肥前的准备

● **合理分群**　根据羊的品种、年龄、性别、个体大小、强弱等进行合理分群。

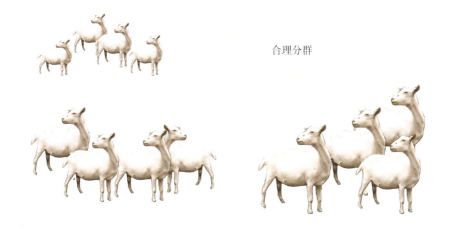

合理分群

● **驱虫** 对所有参与育肥的羊只进行一次驱虫，驱除体内、外寄生虫。

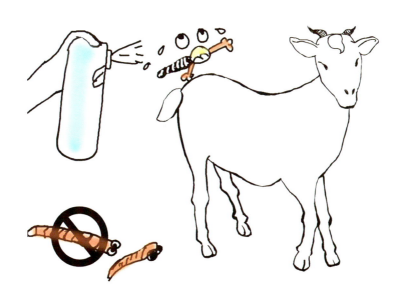

三、育肥期饲养管理

● **转群过渡** 山羊转入育肥舍，一般要有15天左右的预饲期。前3天只喂干草，第4～10天，仍以干草为主，逐渐增加育肥期精料的喂量，第11～15天，正式过渡到育肥期日粮。

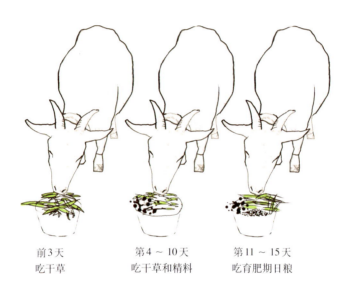

前3天
吃干草

第4～10天
吃干草和精料

第11～15天
吃育肥期日粮

● **饲养** 育肥期每天饲喂2～3次，每次喂量以30～45分钟内吃完为准，量不够要添，量多要清扫。随山羊体重增加，饲喂量应逐渐增加，改变日粮时应在2～3天内逐渐完成，切忌变换过快。舍内常备清洁饮水。

● **适时出栏** 当育肥羊体重达标准时出栏上市。

第五节　奶山羊的饲养管理

一、泌乳母羊各期的饲养管理要点

● 泌乳前期（分娩至产后20天）

▲ **重点**　恢复母羊体力。在母羊分娩后，应及时观察胎衣是否排净，乳房是否正常，预防产后发热、消化道疾病、乳房炎及产后瘫痪等疾病的发生。产后5天，要注意运动，并按摩和热敷乳房，使乳房水肿尽快消失。

来，我给你做一个全面的体检

产后7天内每天应给3～4次温水，并加少量麸皮和食盐。日粮应以优质嫩干草为主，精料由少到多，逐渐增加。根据体况、乳房膨胀程度、食欲，以及粪便性状和气味，灵活掌握精料和多汁饲料的喂量。

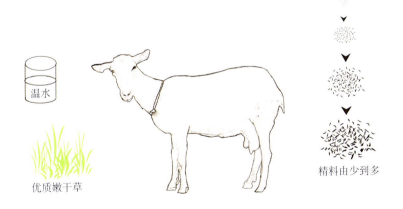

温水

优质嫩干草

精料由少到多

● **泌乳盛期（产后20～120天）**

▲ **重点** 促进采食，提高产奶量。每天饲喂相当于体重1%～1.5%的优质干草、1%～1.5%的精料，并使其任意采食优质青草和青贮饲料，适量补饲部分块根、块茎等多汁饲料。注意饲料适口性和体积，要求饲料体积小、味道好、多样化、易消化。

精料1.0%～1.5%

青贮

优质干草
1.0%～1.5%

青草

● **泌乳中期（产后120～210天）**

▲ **重点** 延缓泌乳量下降速度，保持稳产。此阶段产奶量递减，管理上要供给全价饲料，加强运动，缓解泌乳量大幅减少，保持稳产。

我得跑跑步，锻炼一下身体了

● **泌乳后期（产后210～300天）**

▲ **重点** 搞好配种，使母羊顺利过渡到干奶期。此阶段母羊泌乳量下降较快，并逐渐进入发情期。日粮应以粗饲料为主，减少多汁饲料的饲喂量，适当补充精料。

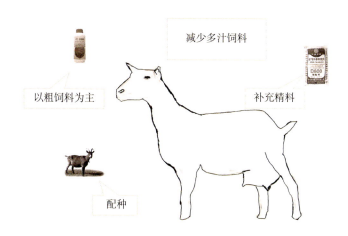

减少多汁饲料

以粗饲料为主

补充精料

配种

● **干奶期**

▲ **重点**　保证胎儿的正常发育，并为下一泌乳期贮存足够的营养物质。对于产奶水平较高的奶山羊，采用逐渐干奶法。方法是在计划干奶前10～15天，采用变更饲料、减少青饲料、限制精料和饮水、减少挤奶次数等方式，使其产奶量平稳降低，最终自动停止泌乳。

为了下一代，我要少吃少喝

对于产奶水平较低的奶山羊，采用快速干奶法。通过停料、停水和打乱挤奶时间等，每次只挤少量乳汁，以不使乳房过度膨胀为原则，达到快速干奶的目的。

没吃的，没喝的了

在干奶过程中，要经常检查乳房情况，如发现红、肿、热、痛或奶中混有血液、凝块，应及时采取措施，不得停止挤乳。待恢复正常后再行干奶。

干奶期饲料以优质青干草为主，根据母羊膘情和体重，每天每只补喂精料0.3～0.5千克。从产前15天开始，逐渐增加精料，减少粗料喂量。

二、日常饲养管理要点

● **挤奶** 一般每天挤奶2次，日产奶量5～8千克者每天挤3次，产奶8千克以上者日挤4次。应保持挤奶环境卫生、安静。挤奶时间要定时。挤奶前应将母羊后躯、腹部清洗干净，然后用45～50℃温水，按先后顺序擦洗乳房、乳头，然后用干净毛巾自下而上擦干乳房。待乳房膨胀，即可开始挤奶。挤奶方式可分为手工和机械挤奶。挤奶员应按要求消毒。

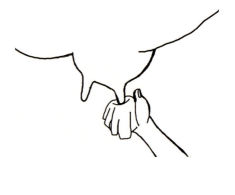

➤ **手工挤奶** 应采用拳握式，开始用力宜轻，速度稍慢，待排乳旺盛后，应加快挤奶速度，每分钟80～110次，最后应注意把奶挤净。挤奶员应保持相对稳定，挤奶前应修剪指甲，穿着工作服，洗净双手。奶桶及挤奶器，使用前必须清洗干洗。

➤ **机器挤奶** 要选用羊用挤奶机。在挤奶前后要清洗挤奶机。挤奶后要用专用药浴套药浴乳房。

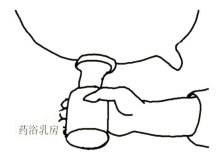

药浴乳房

● **运动** 奶山羊多运动可以增强体质。圈养的奶山羊应尽量创造运动条件，可采用定时驱赶的方式使其每天运动1 ~ 1.5小时。

● **刷拭** 奶山羊每天都要刷拭1 ~ 2次，保持被毛光顺，皮肤清洁，增进皮肤健康。可用硬鬃刷或草刷，从前到后，自上到下，一刷一刷地刷，先逆毛后顺毛。

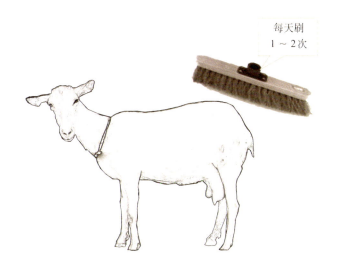

每天刷 1 ~ 2次

● **修蹄** 修蹄一般在雨后进行，此时蹄质变软容易修理。修蹄工具可用修蹄刀、果树剪。修蹄时，每次不可削得太多，当看到蹄底淡红色时，要特别小心，以避免出血。

第六节　绒山羊饲养管理

绒山羊的绒毛细、软、亮，因而被誉为"纤维宝石"和"软黄金"，具有极高的经济价值，是任何纤维都不能替代的。鉴于绒山羊生产在我国畜牧业经济中的重要地位，以及缓解绒山羊发展和生态环境保护之间的矛盾，其唯一出路就是控制数量，提高质量和效益，改变传统的放牧方式，倡导规模化养殖。

一、绒山羊饲养管理要点

● **蛋白质**　蛋白质是动物的重要营养物质，山羊绒的主要构成成分是蛋白质。日粮蛋白质水平低，绒山羊的遗传潜力很难完全发挥出来；但日粮蛋白质水平过高，绒山羊的粗毛增长或绒毛增粗。山羊绒生长旺盛期，日粮适宜的粗蛋白质水平为8.87%，绒山羊种母羊日粮适宜蛋白质水平为10.0%，绒山羊种公羊日粮适宜蛋白质水平为12.0%。

● **能量**　能量供给既要满足山羊本身需要，又要满足瘤胃微生物对能量的需要。充足的能量供应是其他营养物质被充分利用的基础，对山羊生产性能的发挥有重要的影响。绒生长旺盛期绒山羊按125%维持其代谢能需要量。

● **氮硫比**　山羊绒的高含硫量和二硫键结构是绒毛理化特性的物质基础，硫对山羊绒产量和弹性、强度等纺织性能具有重要影响。山羊绒越细，含硫量越高。绒山羊绒毛生长旺盛期日粮适宜的硫水平为0.225%，氮硫比为7.1∶1；绒山羊绒生长缓慢期日粮适宜的硫水平为0.213%，氮硫比为7.8∶1。

● **药浴驱虫**　寄生虫对羊的健康和产绒量危害极大。定期药浴是驱除或预防绒山羊体表寄生虫的一个重要的保健措施。可以用喷淋方式进行，如用辛硫磷浇泼溶液按照每千克体重30毫克的剂量，沿羊的脊背从两耳到尾根进行喷淋药浴；药浴后半个月用阿维菌素注射液按照每千克体重0.2毫克的剂量进行驱虫。

● **配种**　在自然情况下，绒山羊母羊的配种期从10月下旬开始最好。在此阶段配种，使绒毛生长旺盛期对营养物质的需求与母羊妊娠后期对营养物质的需求错开，前期营养主要用于保证绒毛生长，后期营养主要用于胎儿生长，在产绒性能达到较高水平的基础上，获得较好的繁殖性能。

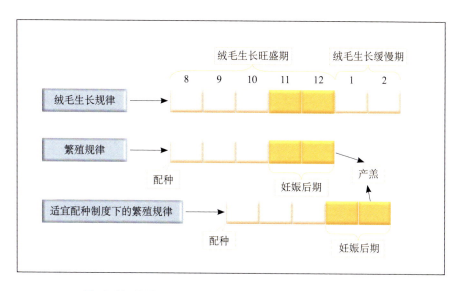

二、绒山羊增绒技术

绒山羊增绒技术是指在暖季（非长绒期），通过人为限制光照来满足羊绒生长所需的光照时间，增加绒产量。由于不使用药物、添加剂、激素等促绒生长剂，本饲养方法对绒山羊的正常生长发育、生产性能无任何影响。该项技术的推广利用对于提高绒山羊的产绒量，提高牧民养羊的经济效益起到了较大的作用。

● **技术原理**　光照是影响羊绒生长的主要因素。当光照由长变短，绒毛开始生长，当光照由短变长，绒毛逐渐停止生长并开始脱落。通过减短绒山羊绒毛非生长期的光照，可促进褪黑激素的分泌，从而使次级毛囊活动周期延长，进而提高产绒量。

● **羊舍构建**　棚的顶部采用三层以上的黑色遮阳网，使棚内完全黑暗，底部通风，开一个小窗户，按照光照时间慢慢开窗户。

● **操作方法**　每年3—8月为限制光照长绒期，在此期间每日9:30—16:30为绒山羊自由放牧、采食、饮水时间，16:30至次日9:30将绒山羊圈入棚内，关闭棚门，限制光照时间，可显著提高绒山羊年产绒量，在棚内早、晚各给绒山羊补饲一次。

第五章 山羊场环境卫生与粪污处理

第一节 山羊场环境建设

一、标准化山羊场环境控制

规模化山羊场粪、尿等排泄物是造成人畜疾患的主要因素之一。大量的病原微生物、寄生虫卵以及滋生的蚊、蝇，会使环境中病原种类增多，造成山羊传染病的蔓延。尤其是人畜共患病疫情的发生，还会给人、畜带来灾难性危害。因此，建设标准化养殖场，必须解决好环境保护和粪污处理。

● **标准化山羊场环境控制平面示意图** 山羊场的粪污必须科学清理和处理。粪便清理后必须沿着污道运输至粪污处理区集中处理。排尿和清刷后的污水，必须按照一定路径流至废水处理区集中处理。

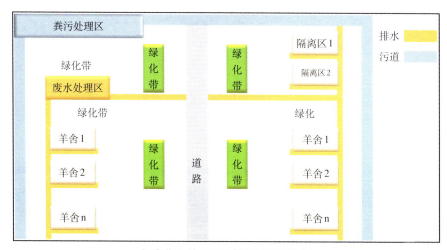

标准化山羊场环境控制平面示意图

二、山羊场的环境和废弃物

● 搞好环境绿化

羊舍内种树遮阳与防护

羊舍间种树遮阳与防护

● 保持圈舍清洁和排水系统畅通

保持羊舍卫生清洁

保持排水系统畅通

● 废弃物科学收集和存放

垫料废弃物定期堆放到指定位置

● 粪污产生和综合利用

每只成年山羊一天：
- 排鲜粪：1.0 ~ 1.5 千克
- 排尿：1.0 千克

山羊粪以干物质计：
- 氮：2.0%
- 磷：0.5%
- 钾：1.0%

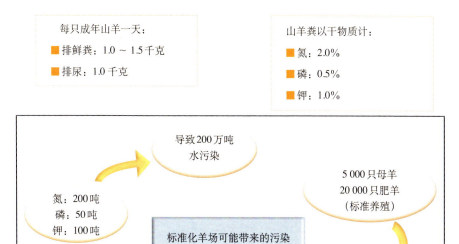

导致 200 万吨
水污染

氮：200 吨
磷：50 吨
钾：100 吨

标准化羊场可能带来的污染

5 000 只母羊
20 000 只肥羊
（标准养殖）

产生 4 000 吨
尿液

产生 6 000 吨
鲜粪

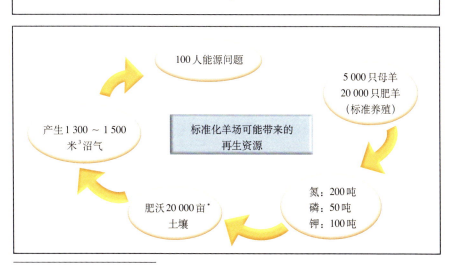

100 人能源问题

产生 1 300 ~ 1 500
米³沼气

**标准化羊场可能带来的
再生资源**

5 000 只母羊
20 000 只肥羊
（标准养殖）

肥沃 20 000 亩*
土壤

氮：200 吨
磷：50 吨
钾：100 吨

注：＊为非法定计量单位，1 亩 = 1/15 公顷。

第二节 山羊场粪污的沼气池处理

一、沼气池处理粪污的优点

将人畜粪便、秸秆、污水等各种有机物投放到密闭的沼气池内，在厌氧（没有氧气）条件下发酵，都可以产生沼气。沼气是一种混合气体，可以燃烧。同时，经沼气池发酵后排出的沼液和沼渣，含有较丰富的营养物质，可用作有机肥料。因此，在规模化山羊场，将粪尿、废水、废草、废料集中，进行发酵处理，是开发沼气能源、减少污染、保护羊场环境和山羊健康的有效途径。

● 沼气池处理的优点：

■ 粪便直接进入沼气池，起到了净化空气、优化环境的效果

■ 粪便通过沼气池厌氧发酵，可杀死粪便中的病菌、病毒及寄生虫卵

■ 沼气可用于生活燃气、发电、取暖

■ 沼渣、沼液是优质有机肥

二、沼气池的种类

建造沼气池，其池型、大小要视养殖规模、实地情况和建造目的而定。如根据地质情况，可建造地上、地下或半地上半地下式沼气池。根据养殖规模不同，可建造大的或小的。羊场建造沼气池，80 ~ 100只羊，可建造10 ~ 20米³的沼气池。为配合标准化养殖场建设，介绍几种常用的沼气池。

● 直筒浮罩式沼气池

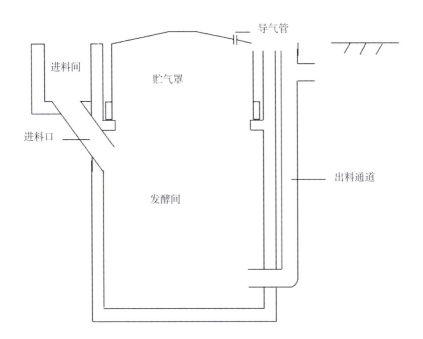

■ 直筒浮罩式沼气池优点：施工简单，建造快，安全、恒压，气密性好

■ 建造方法（以10米³为例）：①选址：沼气池尽可能建在圈舍排污方便、下风向、朝阳的地方。②挖坑：可挖直径2.4米，深2.2米的圆柱形井筒。③垒砌（或浇筑）池壁：自下而上，高出地面0.2米。垒砌时，根据浮罩大小，在合适位置留好浮罩台，然后抹皮、做底。④安装进、出料管：在垒砌池壁的同时安装进、出料管，可选用直径200～300毫米的PVC塑料管。⑤安装浮罩：可选用钢制或软体浮罩，加适当配重后将浮罩安装在沼气池上

直筒浮罩式沼气池实例　（王自沂　摄）

● **壶型浮罩式沼气池**

- 壶型浮罩式沼气池优点：安全、恒压，气密性好，容积稍大
- 建造方法与直筒型沼气池基本相同，仅有两点不同：一是壶型沼气池有拱形池顶；二是壶型沼气池进、出料管是安装在池拱上

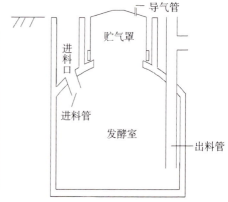

壶型浮罩式沼气池 （王自沂 张崇玉 制作）

● **全封闭分离贮气浮罩式沼气池**

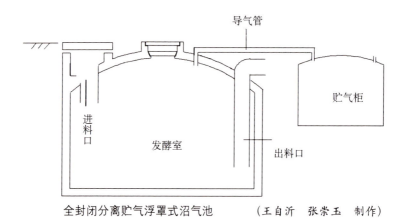

全封闭分离贮气浮罩式沼气池 （王自沂 张崇玉 制作）

- 全封闭分离贮气浮罩式沼气池优点：适应较大型沼气池的建造，配有分离式低压湿式贮气柜或柔性贮气柜，具有安全、恒压、气密性好、地下全封的特点
- 建造方法：以混凝土浇筑为主，30 米^{3}以上池拱顶要适当加入钢筋，100 米^{3}以上全部钢筋混凝土浇筑。①根据沼气池大小确定挖坑尺寸，挖好池坑。②浇筑池底。③浇筑池墙，首先安好模具或砌好砖模，然后进行浇筑。④浇筑拱顶，浇筑前用钢模、飘砖或泥胎做好拱模，然后浇筑，同时安装好进、出料管。⑤制作密封盖，进料后封口。⑥安装有关设备和沼气用具

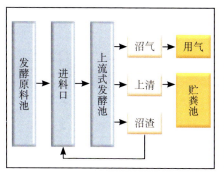

全封闭分离贮气浮罩式沼气池工艺流程
（张崇玉 制作）

全封闭分离贮气浮罩式沼气池实例
（王自沂 摄）

● **旋流布料自动循环沼气池**

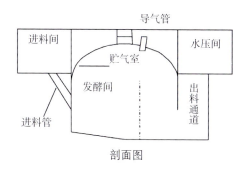

剖面图

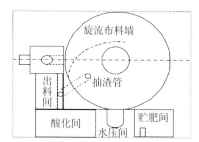

旋流布料自动循环沼气池示意图
（张崇玉 制作）

旋流布料自动循环沼气池：一种新型的沼气池，主要优点有沼气池具有菌种自动(或强制)回流、自动破壳、自动清渣、细菌富集增殖、两步发酵、消除发酵盲区、消除料液短路、太阳能自动升温等，利用沼气产气动力和动态连续发酵工艺，实现了自动循环、自动搅拌、自动破壳等高效运行状态

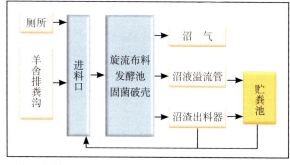

旋流布料自动循环沼气池工艺流程 （张崇玉 制作）

109

三、沼气池投料启动

沼气池的投料启动包括配料、加水、测pH、封池、放气试火环节。配料比为：接种物：原料（羊粪）：水为1：2：5。10米³的沼气池投料启动为9米³，接种物为沼气液或污泥液。

发酵池最适宜的发酵浓度夏季为6%～8%，低温季节为10%～12%。pH以6.5～7.5为宜，达不到用石灰水调节，用简易pH试纸测定。封池用黏土和石灰按4:1混匀拌水成硬面团状。沼气池发酵启动初期，所产的气体主要是二氧化碳，当沼气压力表示数约达53千帕时，放气1～2次后在炉具上试火。

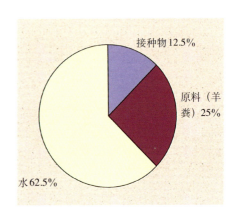

第三节　山羊场粪污制作有机肥

在规模化山羊场，将山羊粪尿、垫料、饲草饲料残渣和有机垃圾等混合，制作有机肥料，是标准化山羊场粪污处理的有效途径。有机肥的好处：①为植物提供平衡的养分。有机肥不仅富含常量元素氮、磷、钾、钙、镁、硫和微量元素铁、锰、硼、锌、钼、铜等无机养分，还含有氨基酸、酰胺、核酸等有机养分和活性物质（如维生素B_1、维生素B_6）等。②为植物提供有效养分。有机肥经过微生物发酵和各种酶（蛋白酶、脲酶、磷酸化酶）作用，促使其中的有机态氮、磷变为无机态，供作物吸收。并能使土壤中钙、镁、铁、铝等形成稳定络合物，减少对磷的固定，提高有效磷含量。③改良土壤结构。有机肥含有大量腐殖质，腐殖质胶体促进土壤团粒结构形成，降低容重，提高土壤的通透性、协调水、气平衡。④用于培肥地力。新鲜山羊粪尿的养分多为有机态，碳氮比（C/N）值大，不宜直接施用。需要腐熟后作基肥用，提高土壤的保肥、保水力。

一、厩肥

将山羊粪尿和垫料、饲草饲料残渣等混合，堆积并经微生物自然发酵制成有机肥料，是标准化山羊场粪污处理的有效途径。与其他动物厩肥相比，以羊粪的氮、磷、钾含量较高。

厩肥可以在羊圈内，将垫料直接撒入圈舍内吸收粪尿自然发酵制成。

二、堆肥

将山羊粪尿和垫料、饲草饲料残渣、有机垃圾等混合、堆积、密封，经微生物发酵制成有机肥。堆肥多作基肥，施用量大，可提供营养元素和改良土壤性状，尤其对改良沙土、黏土和盐渍土有较好效果。

堆制可以分高温堆肥和普通堆肥。如果除粪尿外，秸秆废料和有机垃圾多，纤维含量较高的植物原料比例大，常用高温堆肥，即在通气条件下堆制发酵，产生大量热量，堆内温度高（50～60℃），因而腐熟快，堆制快，养分含量高。高温发酵过程中能杀死其中的病菌、虫卵和杂草种子。

如果山羊粪尿、垫料、饲草饲料残渣、有机垃圾等混杂了较多的泥土，常使用普通堆肥。该法发酵温度低，腐熟过程慢，堆制时间长。堆制中使养分化学组成改变，碳氮比值降低，能被植物直接吸收的矿质营养成分增多，并形成腐殖质。

三、复合有机肥

● **外观**　复合有机肥为褐色或灰褐色，粒状或粉状产品，无机械杂质，无恶臭。

● **有机肥料的（颗粒）制作方法**　复合有机肥原料以山羊粪尿、垫料、饲草饲料残渣、有机垃圾等为主，再根据目标栽培植物和土壤特性添加适当养分进行平衡。复合有机肥需要专门工艺和设备混合均匀，烘干或自然干燥，可以制粒或粉装。有机肥料用覆膜编织袋或塑料编织袋衬聚乙烯内袋包装。

6 第六章 山羊疾病防治

第一节 山羊场消毒和防疫

● **羊场生产区和隔离区消毒设施布置**　在标准化山羊场的生产区、隔离区设置车辆进出消毒池；每栋羊舍也要有工作人员进出消毒池。在生产区入口设置消毒间，供工作人员进出更衣消毒。

	车辆消毒池	
粪尿污水处理区		进出隔离区
	离羊舍100米堆积粪便，覆盖10厘米细湿土，发酵1个月	进出隔离区
病死羊处理		进出隔离区
	车辆消毒池	
种公羊舍		种母羊舍
产　房		种母羊舍
育成舍		羔羊舍
进出羊舍消毒池	车辆消毒池　工作人员消毒间	生产区进出更衣消毒

● 羊舍和运动场消毒

选用任何一种消毒剂，每周消毒1次：

■ 10%～20%的石灰乳

■ 10%的漂白粉溶液

■ 3%的来苏儿

■ 5%的热草木灰溶液

■ 2%～4%氢氧化钠溶液

■ 1：（1 800～3 000）百毒杀

● 生产区进出消毒

■ 消毒池：长4米，深0.3米，宽与门同宽

■ 常备消毒剂：2%～4%氢氧化钠溶液

生产区出口和入口都要设车辆消毒池 （谢之景 摄）

■ 更衣间：人员进入生产区要更换专用工作服

■ 人员消毒：采用紫外线灯照射消毒

人员出入生产区要设更衣消毒间 （谢之景 摄）

● 山羊防疫和驱虫参考规程

接种时间	药物／疫苗	接种方式	备注
1～3日龄	土霉素、新诺明等	口服	预防羔羊痢疾
春、秋季	阿维菌素等	注射或口服	驱虫
15日龄	山羊传染性胸膜肺炎灭活疫苗	皮下注射	每一年免疫1次
2月龄	山羊痘灭活疫苗	皮内注射	每一年免疫1次
2.5月龄	口蹄疫灭活疫苗	肌内注射	以后每6个月免疫1次
3月龄	羊梭菌病三联四防灭活疫苗	肌内注射	
3.5月龄	羊梭菌病三联四防灭活疫苗	肌内注射	以后每6个月免疫1次
母羊产羔前2～4周	羊梭菌病三联四防灭活疫苗	肌内注射	加强免疫

● 山羊场检疫管理制度　参照《中华人民共和国动物防疫法》完成如下2个程序。

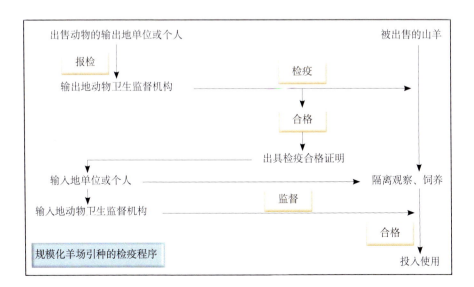

规模化羊场引种的检疫程序

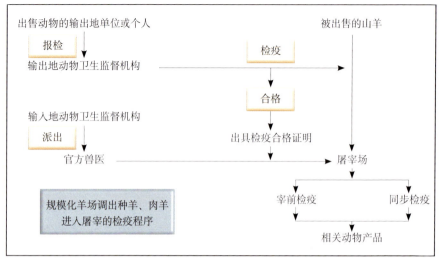

第二节 山羊疾病临床诊断方法

● **山羊整体状态观察** 观察患畜的精神状态、体格、营养发育状态，以及其姿势、体态与运动状态是否有异常。

● **毛、皮外观检查** 检查患病动物毛的色泽、光滑及柔软度，检查皮肤的颜色、温度、湿度、弹性及损伤等。检查皮下组织是否有肿胀，肿胀的大小、形态、硬度、内容物性状、温度、敏感性等。

皮肤观察 （谢之景 摄）

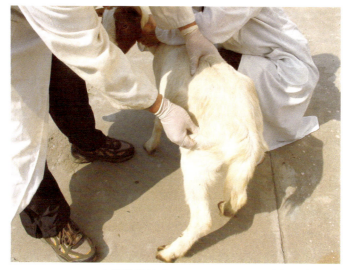

皮肤肿胀检查　　　　　　　　（谢之景　摄）

● **可视黏膜检查**　主要检查眼结膜、口腔黏膜、鼻黏膜及阴道黏膜的色泽或分泌物的性状。

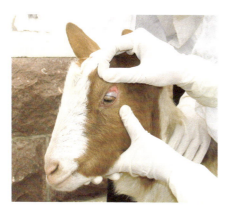
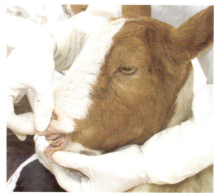

眼结膜检查　　（谢之景　摄）　　　口腔黏膜检查　　（谢之景　摄）

● **浅表淋巴结和体温检查**　临床上常检测的淋巴结有下颌淋巴结、肩前淋巴结、腹股沟淋巴结等。检查淋巴结的位置、大小、硬度、形状、敏感性等。健康羊的体温为38～40℃。

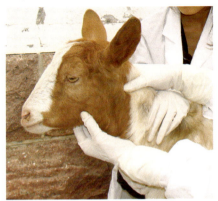

下颌淋巴结检查　　（谢之景　摄）

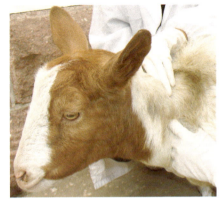

肩前淋巴结检查　　（谢之景　摄）

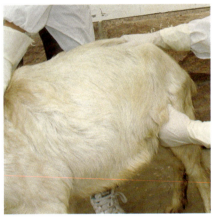

腹股沟淋巴结检查　　（谢之景　摄）

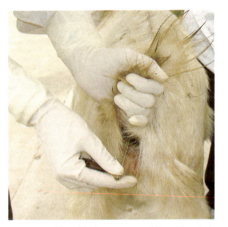

体温检查　　（谢之景　摄）

● **心血管和呼吸系统检查**

➢ **心血管系统**　心脏听诊在左侧第3～4肋间肩端水平线下方，主要辨别心音、频率、强度、性质、节律等。动、静脉的检查主要包括动脉脉搏、浅表静脉的充盈度等检查。

➢ **呼吸系统**　检查患病动物的呼吸频率、呼吸类型、呼吸的对称性、呼吸节律，是否呼吸困难、咳嗽，鼻液的颜色及性状，呼吸音是否有异常，喉部、胸部触诊是否敏感等。

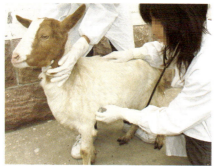

心脏听诊 （谢之景 摄）

气管听诊 （谢之景 摄）

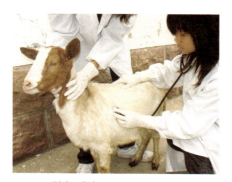

肺部听诊 （谢之景 摄）

肺部叩诊 （谢之景 摄）

● **消化系统检查** 观察患病动物的饮食状态，检查口、咽、食管、腹部、胃肠、排粪动作及粪便等。

食管检查 （谢之景 摄）

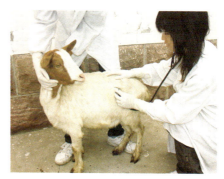

左肷部听诊 （谢之景 摄）

右肷部听诊　　　（谢之景　摄）

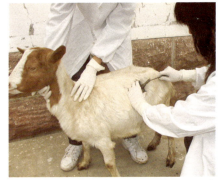

左肷部间接叩诊　　　（谢之景　摄）

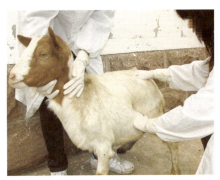

左肷部冲击式触诊　　（谢之景　摄）

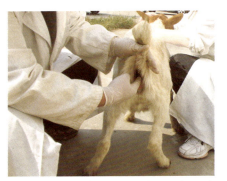

直肠检查　　　（谢之景　摄）

● **泌尿生殖系统检查** 观察患病动物的排尿姿势及尿的颜色、次数、数量，检查泌尿器官及生殖器官是否异常。

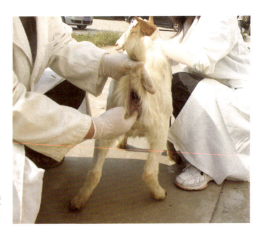

阴道检查
（谢之景　摄）

● **运动系统检查** 检查动物是否有跛行、关节炎、蹄病等。

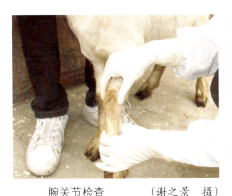

腕关节检查 （谢之景 摄）

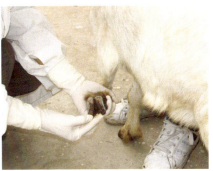

蹄部检查 （谢之景 摄）

第三节 山羊疾病和治疗方法

一、常见山羊疾病

● **山羊痘** 由山羊痘病毒引起的急性接触性传染病，皮肤出现痘疹。注意与传染性脓疱的鉴别诊断，后者主要在口、唇和鼻周围皮肤上形成水疱、脓疱，一般没有全身反应。中国兽医药品监察所研制的山羊痘病毒弱毒疫苗安全、效果好，已推广应用。

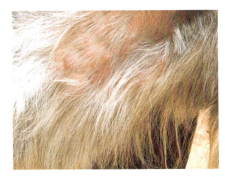

颈部皮肤痘斑 （谢之景 摄）

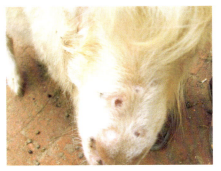

面部皮肤痘斑 （谢之景 摄）

● **传染性口疮** 由羊口疮病毒（传染性脓疱病毒）感染绵羊、山羊引起的一种急性、接触性、传染性、嗜上皮性的人畜共患传染病。临床症状主要以在口、唇、舌、鼻、乳房等部位的皮肤和黏膜形成丘疹、水疱、脓疱、溃疡和疣状厚痂为主要特征。疫苗接种是最主要的防治方法。对于患病羊的治疗，可用0.1%～0.2%高锰酸钾溶液冲洗创面，再用2%龙胆紫、5%碘甘油等涂布创面，每天2～3次。为防止继发感染，可选择应用抗生素等。

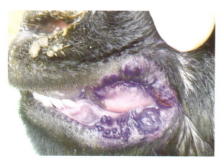

唇部黏膜丘疹 （谢之景 摄）　　　上唇后部皮肤丘疹 （谢之景 摄）

● **羊传染性胸膜肺炎** 由多种支原体感染引起的一种高度接触性传染病，以高热、咳嗽，胸和胸膜发生浆液性、纤维素性炎症为主要临床特征，取急性或慢性经过，病死率高。免疫接种是预防该病的有

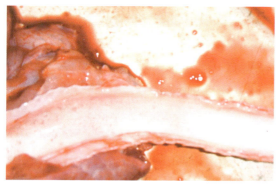

气管内充满泡沫状液体 （谢之景 摄）　　　肺与胸膜发生纤维性粘连

（谢之景 摄）

效方法。对于病羊，可用新胂凡纳明（成年羊每千克体重0.4～0.5克，5月龄以上幼羊每千克体重0.2～0.4克，羔羊每千克体重0.1～0.2克，每3天注射1次）、10%氟苯尼考注射液（羊每千克体重0.05毫升肌内注射，每天1次）、泰妙菌素（支原净）（每100千克饮水中加入5克支原净，使羊自由饮水，连用7天）等进行治疗。

● **传染性角膜结膜炎**　传染性角膜结膜炎又称红眼病，是由多种病原微生物（主要是支原体、衣原体、立克次氏体及某些病毒等）感染引起羊的一种急性传染病，临床上以眼结膜和角膜发生炎症，眼睛流出大量分泌物，发生角膜混浊、溃疡为主要临床特征。一般病羊若无全身症状，发病后应尽早治疗，用1%～2%硼酸液洗眼，拭干后再用3%～5%弱蛋白银溶液滴入结膜囊中，每天2～3次，也可以用0.025%硝酸银液滴眼，每天2次。

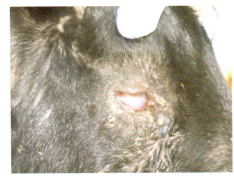
角膜混浊　　　　（谢之景　摄）

● **羊梭菌性疾病**　由梭状芽孢杆菌属中的细菌感染羊引起的一类急性传染病，包括羊快疫、羊猝狙、羊肠毒血症、羊黑疫和羔羊痢疾，易造成急性死亡，对养羊业危害很大。羊快疫是由腐败梭菌引起的，以真胃出血性炎症为特征；羊猝狙是由C型产气荚膜梭菌的毒素引起的，以溃疡性肠炎和腹膜炎为特征；羊肠毒血症是由D型产气荚膜梭菌引起的一种急性毒血症疾病，病死羊的肾组织易于软化，常称"软肾病"；羊黑疫是由B型诺维梭菌引起的一种急性高度致死性毒血症，以肝实质坏死为主要特征；羔羊痢疾是由B型产气荚膜梭菌引起的出生羔羊的一种急性毒血症，以剧烈腹泻、小肠发生溃疡和大批死亡为主要临床特征。因为该类疾病病程短、死亡快，所以治疗效果较差，主要以疫苗免疫接种为防控手段。

● **破伤风**　由破伤风梭菌感染引起，主要经伤口感染。初期症状不明显，中后期出现全身性强直、角弓反张、瘤胃臌气等，羔羊常伴有腹泻。

在生产实践中，应注意防止外伤感染，对伤口进行正确的外科处理，肌内注射青霉素40万～80万国际单位进行全身治疗，同时皮下或肌内注射5万～10万单位破伤风抗毒素进行预防或治疗。

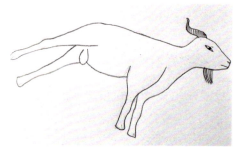

角弓反张　　　（张凤霞　画）

● **布鲁氏菌病**　由布鲁氏菌感染引起的一种人畜共患传染病，以生殖器官和胎膜发炎、流产、不育和各种组织的局部病灶为主要临床特征。对羊群进行检疫、免疫，淘汰患病动物是控制本病的主要措施。

肺出血、实变　　（谢之景　摄）

● **附红细胞体病**　附红细胞体病是由附红细胞体感染羊引起的以高热、眼结膜苍白、贫血、呼吸困难、黄尿、腹泻与便秘交替、消瘦而衰竭死亡等为特征的疫病。血液稀薄，凝固不良，后期全身性黄疸。肝肿大、变性，肝表面有黄色条纹或灰白色坏死灶。脾肿大变软。

可选用贝尼尔（血虫净）治疗，按每千克体重6毫克深层肌内注射，每隔48小时一次，连用3次，同时选用其他广谱抗生素防止继发感染。

●**食道口线虫病**　食道口线虫寄生于牛、羊的大肠，尤其是结肠，致羊肠壁形成结节病变，因此，本病又称结节病。可用阿苯达唑每千克体重10～15毫克，一次口服；伊维菌素每千克体重0.2毫克，一次口服或皮下注射等进行治疗。

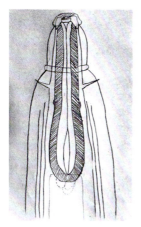

哥伦比亚食道口线虫

（张凤霞　画）

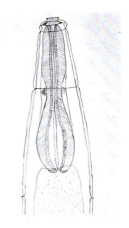

微管食道口线虫

（张凤霞　画）

●**肝片吸虫病**　由肝片吸虫感染引起。羊一般表现营养障碍、贫血和消瘦。治疗可用三氯苯唑（肝蛭净）每千克体重5～10毫克，一次口服；阿苯达唑（抗蠕敏）每千克体重5～15毫克，一次口服。

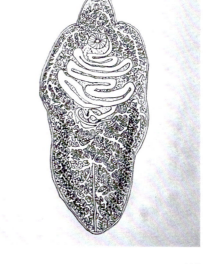

肝片吸虫的成虫

（张凤霞　画）

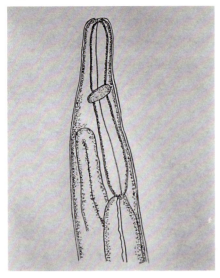

● **肺线虫病** 病畜病初咳嗽，咳出的黏液中有时含有虫卵、幼虫或成虫，严重时，呼吸困难，体温升高，迅速消瘦，死于肺炎或并发症。对病畜可用阿苯达唑每千克体重5～20毫克，内服；伊维菌素每千克体重0.2～0.3毫克，皮下注射、内服或混饲等进行治疗。

丝状网尾线虫
（张凤霞　画）

● **羊狂蝇蛆病** 羊狂蝇的幼虫寄生在羊的鼻腔及其附近的腔窦内引起。鼻黏膜肿胀、发炎、出血，鼻液增加，流脓性鼻涕，打喷嚏，呼吸困难。可用伊维菌素（有效成分为每千克体重0.2毫克）1%溶液皮下注射；敌百虫每千克体重75毫克，兑水口服；氯氰碘柳胺每千克体重5毫克，口服；或每千克体重2.5毫克皮下注射等进行治疗。

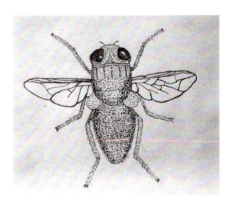

羊狂蝇蛆成虫　　　　（张凤霞　画）

● **肠炎** 临床上以消化紊乱、腹痛、腹泻、发热等为主要特征。病初对患畜禁饲，选用有效抗生素，如青霉素（80万国际单位）、链霉素（100万单位）进行肌内交叉注射，每天2次，连用3天。预防控制病原菌，选用5%葡萄糖生理盐水或复方氯化钠溶液500～1 000毫升，防止酸中毒等。另外，还要对患病动物进行对症治疗。

二、常规治疗方法

● **口服法**　通过饮水或拌料经口服给药，是临床实践中常用的给药途径，操作简单、省时、省力。经口灌药适用于食欲、饮欲下降严重或拒食的患病动物。

● **注射法**　使用注射器或输液器直接将药液注入动物体内的给药方法，包括皮内注射、皮下注射、肌内注射、静脉注射、腹腔注射等。

● **皮肤、黏膜给药**　将药物用于动物的体表或黏膜，以杀灭体表寄生虫或微生物，促进黏膜修复的给药方法，主要包括药浴、涂抹、点眼、阴道及子宫冲洗等。

经胃导管给药　　（谢之景 摄）

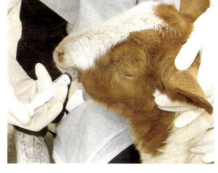

经口给药　　（谢之景 摄）

肌内注射给药　　（谢之景 摄）

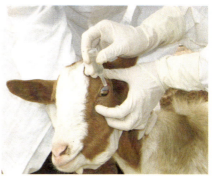

眼结膜给药　　（谢之景 摄）

7 第七章　山羊的主要产品及初加工

毛

奶

皮

肉

副产品

金牌产品

我浑身都是宝哦

　　山羊浑身是宝，其产品主要包括肉制品、奶制品、毛皮制品及其他副产品。山羊肉产量高，肉质鲜美，营养丰富，具有补虚助阳的功效；山羊奶不仅营养丰富，而且脂肪球小，比牛奶易被人体吸收，是价值极高的保健食品；山羊绒、猾子皮是我国传统的出口商品，可用于高档服装、家居用品的生产；羊肠可用于制作可吸收性医用缝合线；羊血、羊骨等可作为饲料原料。

第一节 山羊肉品加工

一、屠宰加工厂

屠宰加工厂的选址

屠宰加工厂应当符合环境保护、卫生和防疫等要求，选择在地势高、干燥、平坦、城镇生活场所的下风向。

屠宰加工厂布局

● **场地规划** 屠宰加工厂整体规划要符合科学管理、卫生清洁的原则，生产管理区位于地势较高的上风处，废污处理区要和生产区分开，位于地势最低的下风处。

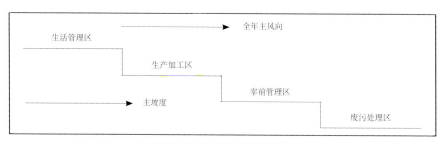

屠宰加工厂地势风向规划图

● **工厂布局** 屠宰加工厂的布局应该遵循统筹安排、整体规划、因地制宜、科学实用的原则。废污处理区、宰前管理区要与生产加工区严格区分开来，至少间隔300米，并要位于生产加工区的下风处，避免活畜污染产品；活羊、产品、废弃物要单独设立出入口，防止交叉污染。

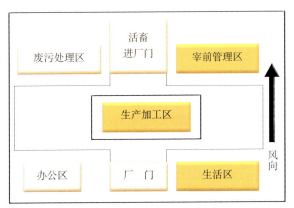

屠宰加工厂布局

➤ **生活管理区** 生活管理区主要包括生活区和办公区，由经营管理办公室、职工休息室、食堂等有关的建筑物组成，应在厂区的上风处和地势较高处，并与生产区分开，保证适当距离。厂区主要道路及场地应采用混凝土或沥青铺设，建筑物周围、道路的两侧空地均应绿化。

➢ **宰前管理区**　宰前管理区主要是用于待宰羊的隔离、检疫，并缓解运输过程中羊的应激和疲劳。

卸载台	从运输车上卸载羊只到陆地
检验间	视检屠畜，病健分群
隔离间	隔离宰前检疫中挑出的病羊
待宰间	健康的屠宰前 2～3 天在此饲养，解除疲劳后送宰
无害化处理间	急宰后的羊只需要经过无害化处理后才可有条件食用
化制间	患有严重疾病的羊只不能在无害化处理后食用的，应炼制工业油或肉骨粉
急宰间	无碍肉食卫生且濒临死亡的普通病羊在此急宰，要严格防护和消毒

➢ **生产加工区**　生产加工区是屠宰加工厂最重要的区域，其内部布局既要满足生产工艺流程，又要满足卫生要求。清洁区和非清洁区要严格分开，原料、成品、废弃物等应避免迂回运输，皮张间、内脏整理间和冷库都有相应的产品出口间（发货间），防止交互污染。

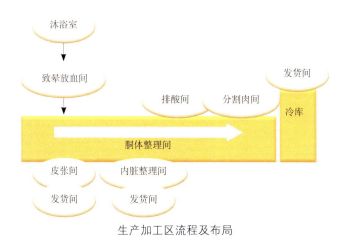

生产加工区流程及布局

➤ **废污处理区** 屠宰加工厂的废污含有大量的微生物和寄生虫卵，因此，必须经过处理后才可排出厂外。废污处理一般包括预处理、生物处理和消毒处理三部分。

二、屠宰加工流程与设备

屠 宰 加 工 流 程

● **宰前管理流程**

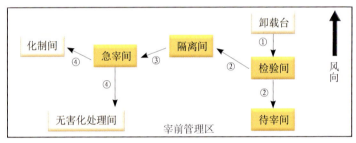

活羊待宰流程及布局

● **屠宰加工流程**

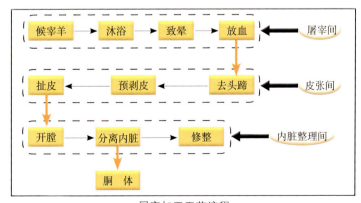

屠宰加工工艺流程

➤ 沐浴

■ 功能：除去羊只体表的污物，充分保证屠宰过程中的清洁卫生
■ 注意：淋浴水的温度要适宜，一般应在24℃左右，水流速度不应太急，要缓慢

➤ 致晕

■ 功能：减少屠宰时的应激，保证羊肉品质及安全
■ 注意：致晕方式及程度要适当，避免羊只死亡及清醒，以免影响羊肉品质及安全

➤ 放血

放血池

屠宰放血室

■ 功能：收集羊血，并保证羊肉品质
■ 注意：羊放血自动输送线轨道距车间的地坪高度不低于2.7米，在羊放血自动输送线上主要完成的工序：上挂、刺杀、沥血、去头等，沥血时间一般为5分钟

➤ 剥皮

皮张整理室

■ 功能：剥离羊皮，防止皮、毛污染肉体
■ 注意：剥离前要做好预剥皮工作，一次性剥离整张羊皮，确保羊皮质量

➢ 整理内脏

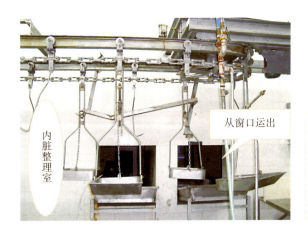

内脏整理室

从窗口运出

■ 功能：从屠体中分离出内脏并进行整理

■ 注意：分离时不要刺破内脏，以免污染肉体；重视内脏器官的检疫

● 肉品加工流程

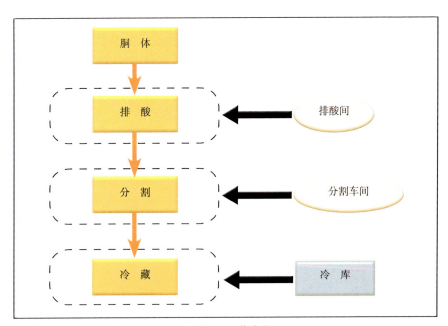

胴 体

排 酸 ← 排酸间

分 割 ← 分割车间

冷 藏 ← 冷库

肉品加工工艺流程

➤ 排酸

排酸间

■ 功能：减少有害物质的含量，确保肉类的安全卫生；保证肉质柔软、有弹性、好熟易烂、口感细腻、味道鲜美

■ 注意：排酸间的温度为0～4℃，排酸时间不超过16小时

➤ 胴体分割

分割肉室

■ 功能：将胴体按照部位进行分割，制成不同的肉制品

■ 注意：要根据胴体不同部位的质量和客户的需求进行科学的分割，提高羊肉的商品价值

➤ 冷藏

■ 功能：保存肉制品

■ 注意：羊的胴体冷却到7℃以后，送往冷库冻结贮存。先在冷冻室冻至－25℃以下，经24～48小时，转移至冷藏间。冷藏间保持－18℃以下，相对湿度95％～98％，可贮存羊胴体5～12个月。常冷冻胴体或冷冻卷羊肉

冷藏冷冻室

● 废污处理流程

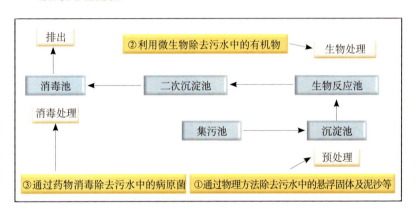

屠 宰 加 工 设 备

根据性能不同，可将山羊的屠宰设备分为以下几个部分：致晕设备、放血输送设备、剥皮设备、切割设备、副产品处理设备及消毒设备。

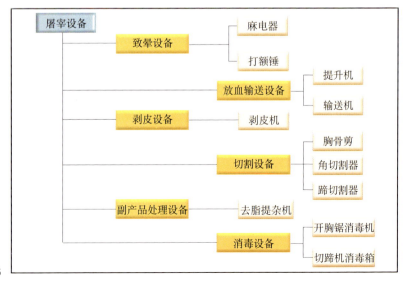

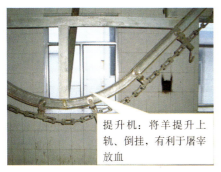

提升机：将羊提升上轨、倒挂，有利于屠宰放血

输送机：输送胴体

剥皮机：采用剥皮机将羊皮撕下，避免割破羊皮、残留碎肉及胴体污染问题

切割机：用于切割胸骨、角及蹄，减少工人劳动强度

屠宰加工区卫生控制

屠宰加工区的工作人员要做好自身的消毒防护工作。

● **更衣程序**

工作人员的防护很重要哦

戴口罩 → 戴头发网罩 → 穿工作服 → 穿水靴

● **六步消毒法**

① 清水洗手
② 擦洗手皂液
③ 冲净洗手液
④ 浸入消毒液中消毒
⑤ 清水冲洗
⑥ 干手

三、胴体分割标准

山 羊 肉 的 组 成

● **肌肉组织** 肉的主要组成成分，决定肉的质量。肌肉组织分为骨骼肌、平滑肌和心肌，其中骨骼肌居多。

● **脂肪组织** 仅次于肌肉组织的第二个重要组成成分，对肉质和风味具有重要影响。

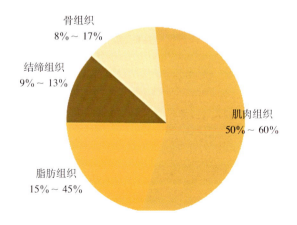

骨组织
8%～17%

结缔组织
9%～13%

肌肉组织
50%～60%

脂肪组织
15%～45%

● **结缔组织** 肉的次要成分，不易消化，含量越少越好。

● **骨组织** 肉的组成成分和各成分的比例，在一定程度上决定了肉的价值。

胴 体 分 割

颈肉：最后颈椎与第一胸椎间切开的整个颈部肉。

胸下肉：沿肩端到胸骨水平方向切割下的胴体下部肉。

肩肉：肩胛骨前缘到第四、五肋骨垂直切下的部分。

肋肉：第四、五肋骨间到最后一对肋骨间垂直切下的部分。

腰肉：由最后一对肋骨间到腰椎与荐椎间垂直切下的部分。

后腿肉：由腰椎与荐椎间垂直切下的后腿部分。

其中，后腿肉和肩肉品质最好，其次为腰肉和肋肉，胸下肉和颈肉最次。

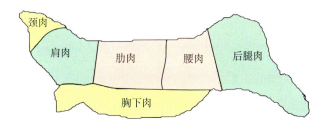

影响肉质的因素

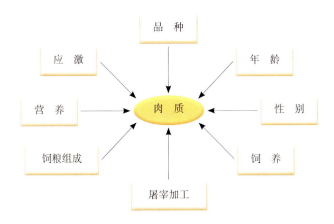

四、羊肉产品

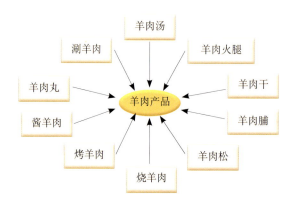

第二节　山羊奶和奶制品

一、山羊奶

● **营养价值**　羊奶是一种营养价值非常高的食品，它营养成分全面而又容易消化吸收，是人类理想的食品。羊奶干物质含量高，能量高，且富含维生素与矿物元素。

山羊奶各种营养组成比较

	水分 （%）	干物质 （%）	脂肪 （%）	蛋白质 （%）	乳糖 （%）	灰分 （%）	钙 （毫克／100克）	磷 （毫克／100克）
山羊奶	86.4	13.6	4.0	3.5	4.6	0.8	214.0	120.0

含脂率高，脂肪球小，利吸收

富含多种矿物质和维生素

乳蛋白含量高，蛋白凝块细而软，利消化

蛋白质结构与母乳相同，不过敏

奶中之王

● **感官鉴定**　对奶的色、香、味进行评定。正常奶具有甜味和脂肪酸味，略带香味。

纯正羊奶，很营养！乳白的！香香的！甜甜的！我要长大

二、羊奶的加工

● **羊奶预处理**

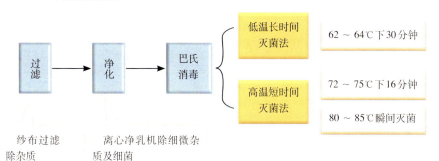

过滤　　→　　净化　　→　　巴氏消毒

低温长时间灭菌法　　62～64℃下30分钟

高温短时间灭菌法　　72～75℃下16分钟

80～85℃瞬间灭菌

纱布过滤除杂质　　　离心净乳机除细微杂质及细菌

● **羊奶贮存**　鲜奶在贮存前必须进行冷却，使奶全面降温后贮存。一般情况下，鲜奶在1～2℃可保持最佳风味，在4～5℃时品质下降，在15℃以上很快变酸。

贮存时间	贮存温度
6～12小时	8～10℃
24～36小时	4～5℃
36～48小时	1～2℃

● **羊奶运输**　在运输时，应保持所用容器的清洁卫生，防止震荡。在夏季，运输时间最好安排在夜间或早晨，并注意缩短中途停靠时间，以免鲜奶变质。

● **消毒鲜奶制作**　将收集的羊奶按照消毒流程消毒后的奶制品为消毒鲜奶。

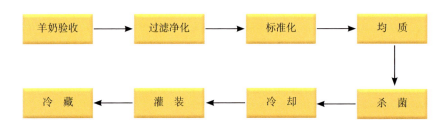

● **酸奶制作**　以生鲜羊奶或复原乳为主要原料，添加或不添加辅料，使用保加利亚乳杆菌、嗜热链球菌的菌种发酵制成的产品为酸奶。

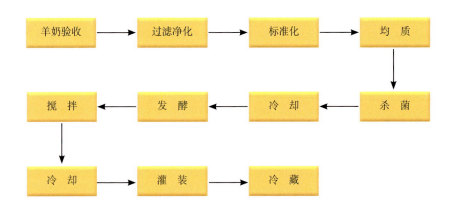

● **其他奶产品制作**

➤ **奶粉**　奶粉是通过各种方法干燥的奶，水分含量在5%以下。

➤ **炼乳**　将奶浓缩至原体积的40%～50%。

➤ **干酪**　以全乳或脱脂乳为原料，利用凝乳酶将其凝固，再通过排浆、压榨、成型加盐，经一定时间的发酵成熟而制成。

➤ **黄油** 通过分离机使奶油中的水分降到16%以下、脂肪达80%以上而制成的酸性奶油，山羊黄油呈白色。在牧区，称为酥油，一般不凝结成块而呈浓液状。

➤ **干酪素** 用凝乳酶使脱脂乳中的酪蛋白凝固，然后放出乳清，再将酪蛋白凝块洗涤、压榨、干燥，制成干酪素。干酪素是医药、造纸、塑料、胶合等工业的原料。

➤ **乳糖** 利用制造干酪素所余下的乳清，除去乳清蛋白，然后经蒸发、浓缩、冷却结晶、分离洗涤、干燥等工序制成乳糖。

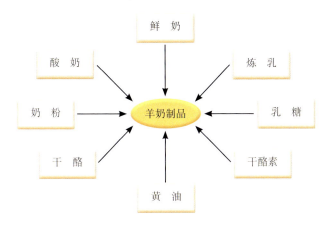

第三节 羊毛和羊绒处理

一、羊毛

剪 毛

● **剪毛场地** 大规模羊场应有专门的剪毛舍。若无剪毛舍可露天剪毛，场地应选择高燥、清洁、光线好的地方，使用水泥地面或铺上草席，以免污染羊毛。

● **羊群准备** 羊在剪毛前12～24小时不应饮水、饲喂。剪毛先从价值低的羊群开始，借以熟练剪毛技术。

● **剪毛方法**

➤ **手工剪毛** 此方法剪毛速度慢，毛茬高低不平，劳动效率低。

➤ **机械剪毛** 此方法剪毛速度快，质量好，毛茬低平，劳动效率高。

电动剪毛机

贮 存

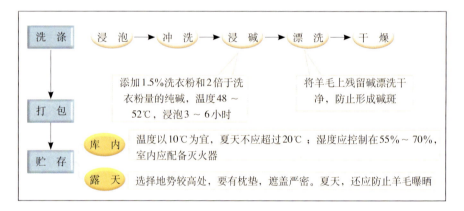

洗涤 → 浸泡 → 冲洗 → 浸碱 → 漂洗 → 干燥

添加1.5%洗衣粉和2倍于洗衣粉量的纯碱，温度48～52℃，浸泡3～6小时

将羊毛上残留碱漂洗干净，防止形成碱斑

打包

贮存

库内 温度以10℃为宜，夏天不应超过20℃；湿度应控制在55%～70%，室内应配备灭火器

露天 选择地势较高处，要有枕垫，遮盖严密。夏天，还应防止羊毛曝晒

二、羊绒

抓 绒

● **抓绒季节** 一般4—5月，当山羊的头部、耳根及眼圈周围的绒毛开始脱落时，为恰当的抓绒时间。抓绒一般进行1～2次，两次间隔18～25天。抓绒后1周剪毛，留茬应高些，以免羊感冒。

● **抓绒前准备**

羊只：梳绒前12小时，羊只停止放牧、饮水、喂料。

保定：将羊卧倒，梳左侧时，捆住右侧的前后肢，梳右侧时，捆住左侧的前后肢。

● **抓绒方法** 开始用稀梳，将羊毛中的碎草和粪便梳掉，之后用稀梳时应顺毛方向，由颈、肩、胸、背、腰及腹部由上而下进行。然后，用密梳逆毛而梳，顺序由腹、腰、背、胸及肩部，贴近皮肤，用力均匀，防止用力过猛，划破皮肤。

抓绒用的铁梳

抓绒

贮　存

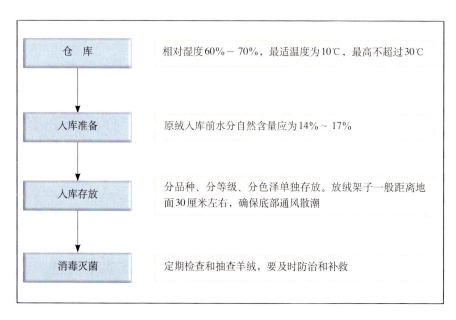

仓　库	相对湿度60%～70%，最适温度为10℃，最高不超过30℃
入库准备	原绒入库前水分自然含量应为14%～17%
入库存放	分品种、分等级、分色泽单独存放。放绒架子一般距离地面30厘米左右，确保底部通风散潮
消毒灭菌	定期检查和抽查羊绒，要及时防治和补救

第四节　山羊皮加工处理

一、羊皮的分类

山羊屠宰后剥下的鲜皮在未经鞣制以前都称为生皮。生皮分为两类：

● **毛皮**　生皮带毛鞣制的产品，其羊毛有实用价值。

● **板皮**　羊毛没有实用价值的生皮，板皮经脱毛后鞣制而成的产品称为革。

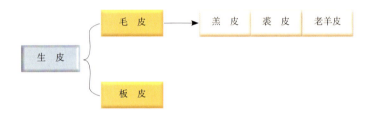

二、宰剥

生皮质量与宰杀技术及剥皮方法有很大关系，正确剥皮应注意三点。

羔羊剥皮顺序

成年羊剥皮顺序

- 宰杀羔羊必须用直刀法，防止羊血污染毛皮。
- 剥取的羔皮要求形状完整，剥皮时避免人为的伤残。
- 刮去残留的肉屑、油脂等以保持羔皮清洁和防止腐败。

三、清理

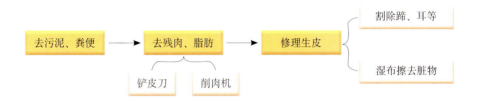

注：切忌用清水冲洗，以免失去油润光泽，成为品质差的"水浸皮"。

四、防腐及贮存

由于鲜皮很容易腐烂变质，因此，必须在清理后进行防腐处理。鲜皮干燥后，应贮藏在通风良好的贮藏室内，室内气温不超过25℃，相对湿度为60%～70%。

鲜皮防腐方法

项目名称	方　　法
干燥法	自然干燥，最好采用悬挂干燥法，避免暴晒
盐腌法	干盐腌法：将盐均匀地撒在皮的肉面上，层层堆积，叠成1～1.5米的皮堆；盐水腌法：将皮浸入盛有25%浓度以上盐水的水泥池中，经1天取出，沥水2小时后，进行堆积，堆积时再撒大约皮重25%的食盐干腌
盐干法	将经过盐腌后的生皮进行干燥，除去皮面析出的盐
冷冻法	低温处理鲜皮使其冰冻，以实现防腐

第五节　其他副产品

　　山羊副产品主要包括肠衣、羊骨、羊血、瘤胃内容物、羔羊皱胃、软组织、内脏和胆汁等。山羊副产品提高了山羊的利用价值，满足了人们的生活需要。

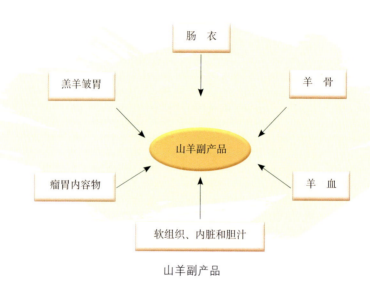

山羊副产品

一、肠衣

羊肠衣 → 浸泡 → 刮肠 → 灌水 → 量码 → 腌肠 → 扎把

漂洗 ← 扎把

灌制香肠 ← 净肠 ← 腌肠及扎把 ← 配尺 ← 灌水分路 ← 漂洗

手术缝合线　球拍弦　琴弦

二、羊骨

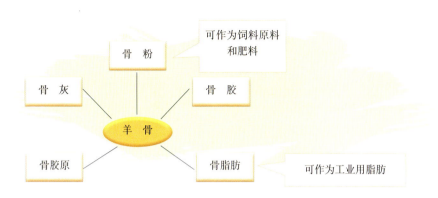

三、羊血

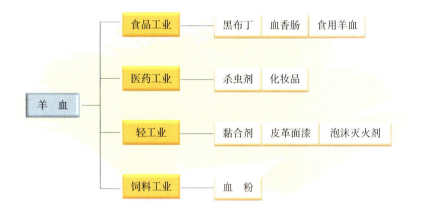

四、瘤胃内容物

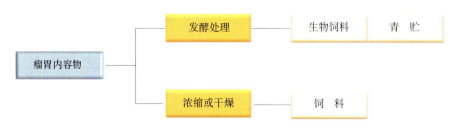

五、软组织、内脏和胆汁

8 第八章　山羊场经营管理

第一节　规模化标准化山羊场建设模式

山羊产业和市场关心的是产品。确定产品类型（肉、奶、皮、毛绒），确定产业链类型，落实资金来源和数额，落实养殖技术和饲养模式（品种、饲料、管理），定准产品类型和营销方式，形成企业利润和对社会、环境回报，是规模化山羊场标准化养殖建设的最终目标。

一、产业链确定

在市场调研和产品目标定位的基础上，确定产业链模式。根据当前肉羊和产业现状，山羊产业主要存在以屠宰加工为龙头和以养殖为龙头两种产业链模式。

● **羊产品加工龙头产业链**　以该产业链模式建设山羊产业，需要具备良好的羊产品加工技术和资金基础，需要掌握良好的羊产品商业化运作和营销网络。产业链内容包括产品目标定位、山羊产品类型选择、标准化养殖模式确定、山羊产品加工、市场营销模式运行五个重要环节。在产业链运作中，以羊产品加工优势带动整个羊产业的健康、高效、安全发展。

● **标准化养殖龙头产业链**　以该产业链模式建设山羊产业，需要具备良好的山羊养殖技术和饲养规模基础，需要具备良好的山羊品种资源、饲料资源和地区性养羊基础。产业链内容包括标准养殖模式定位、标准化养殖体系建设、规模化养殖技术的运作、养殖技术的产业化形成、优质安全山羊产品的产出五个重要环节。在产业链运作中，

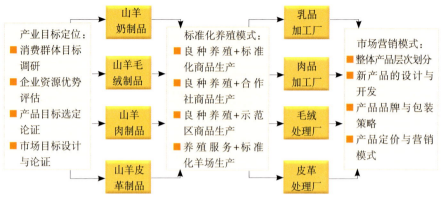

以屠宰加工为龙头的山羊产业链建设模式

以标准化养殖技术和规模优势带动整个山羊产业的健康、高效和安全发展。

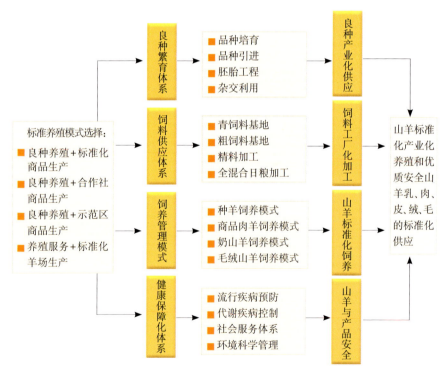

以养殖为龙头的山羊产业链建设模式

二、山羊产业经济和社会回报预测

● **山羊产业经济回报预测** 山羊经济效益的形成包括种羊生产成本与利润、商品羊生产成本与利润、加工环节成本与利润，最终形成整个山羊产业链的总体利润。在产业链利润分配中，要考虑到每个环节的成本和利润分析，分配好每个产业环节的利润额度，是山羊整个产业链健康发展的基础。

种羊产业
利润10%

商品养殖
利润30%

产业总体
利润100%

加工产业
利润60%

山羊产业链利润分配比例示意图

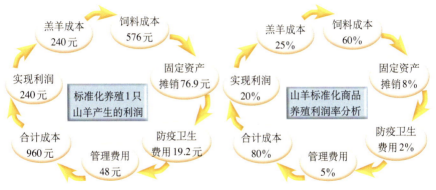

● **山羊产业社会回报预测**　山羊社会和生态效益的形成包括山羊产业利润形成、农业资源综合利用、工业副产品资源合理利用、有机肥料产出、劳动就业解决等。在产业链实现最佳利润的同时，必须兼顾社会和生态效益。山羊产业是养殖业中社会和生态效益最显著的产业之一。

以饲养3个地方肉羊品种（鲁北白山羊、济宁青山羊、莱芜黑山羊）为实例，建设5 000只基础母羊，年产20 000只育肥肉羊的养殖产业链，取得的社会回报预测如下。

山羊产业社会环境回报示意图

山东3个地方山羊品种养殖参数实例

参　数	数　据
鲁北白山羊产羔率（%）	230
济宁青山羊产羔率（%）	295
莱芜黑山羊产羔率（%）	311
平均产羔率（%）	262.5
每只母羊年产羔数（按2年产3胎）（只）	4
母羊耗料（千克/年）	800
生长育肥羊出栏体重（千克/只）	40
饲料报酬系数	0.2
生长育肥羊耗料（千克/只）	200
精饲料：粗饲料	40：60
粗料中：秸秆：风干酒糟：风干糟渣	50：25：25
新鲜酒糟和糟渣含水量（%）	80
秸秆产量（千克/亩）	500

5 000只基础母羊，年产20 000只育肥肉羊的耗料

	每年每只母羊耗料（千克）	5 000只母羊耗料（千克）	每只生长育肥羊耗料（千克）	20 000只育肥肉羊耗料（千克）	总耗料（千克）
耗　料	800	4 000 000	200	4 000 000	8 000 000
粗饲料	480	2 400 000	120	2 400 000	4 800 000
秸　秆	240	1 200 000	60	1 200 000	2 400 000
风干酒糟	120	600 000	30	600 000	1 200 000
鲜酒糟	600	3 000 000	150	3 000 000	6 000 000
风干糟渣	120	600 000	30	600 000	1 200 000
鲜糟渣	600	3 000 000	150	3 000 000	6 000 000

山羊产业化经济成本预测——经济回报示意表

种羊生产成本与利润				商品羊生产成本与利润				加工环节成本与利润				山羊产业利润	
项目费用	元/只	单项利润①	元/只	项目费用	元/只	单项利润②	元/只	项目费用	元/只	单项利润③	元/只	产业利润④	元/只
种羊成本				羔羊成本		育肥羊销售利润		商品羊成本		肉品销售利润		肉山羊产业	①+②+③=④
饲料费用		羔羊销售利润		饲料费用				肉品加工成本					
羊场建设成本				羊场建设成本		原乳销售利润		原乳加工成本		乳品销售利润		奶山羊产业	①+②+③=④
防疫与环控				管理费用		粗毛绒销售利润		乳品加工成本					
管理费用				防疫与环控				粗毛绒加工成本		毛绒产品销售利润		毛绒山羊产业	①+②+③=④
其他				其他				毛绒加工成本					

第二节　规模化标准化山羊场生产管理

一、生产工艺与规模确定

　　根据经济资本、地方资源和技术条件等确定规模化标准化山羊场的建设目标和标准化生产模式。常用的山羊产业化模式有以下四种：良种养殖+标准化商品生产模式，良种养殖+合作社商品生产模式，良种养殖+示范区商品生产模式，养殖服务+标准化羊场生产模式。不管哪种模式，管理都要按以下几个环节进行实施。

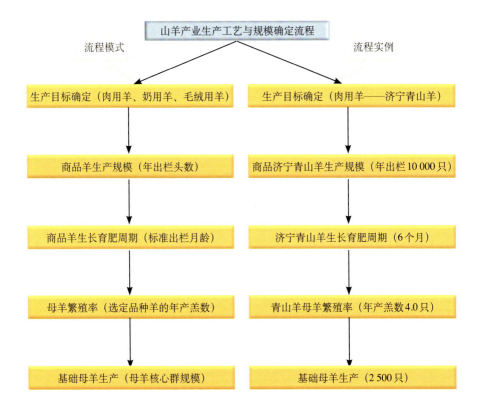

二、规模化标准化山羊场建设

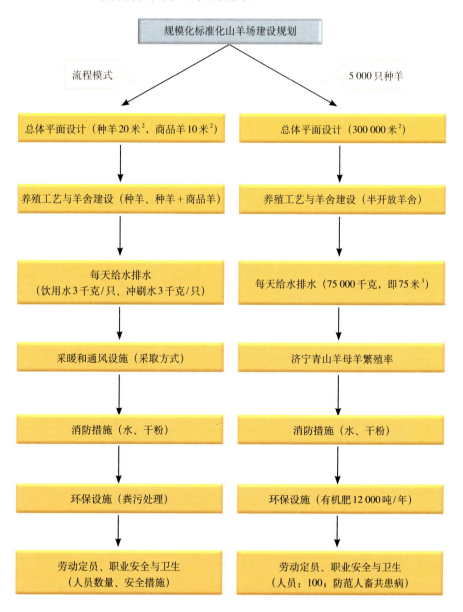

规模化标准化山羊场建设规划

流程模式

5 000 只种羊

总体平面设计（种羊20米²，商品羊10米²）

总体平面设计（300 000米²）

养殖工艺与羊舍建设（种羊、种羊＋商品羊）

养殖工艺与羊舍建设（半开放羊舍）

每天给水排水（饮用水3千克/只、冲刷水3千克/只）

每天给水排水（75 000千克，即75米³）

采暖和通风设施（采取方式）

济宁青山羊母羊繁殖率

消防措施（水、干粉）

消防措施（水、干粉）

环保设施（粪污处理）

环保设施（有机肥12 000吨/年）

劳动定员、职业安全与卫生（人员数量、安全措施）

劳动定员、职业安全与卫生（人员：100；防范人畜共患病）

第三节 规模化标准化山羊场可行性分析

一、规模化标准化山羊场可行性分析模式

● **项目概述**
➤ 项目名称
➤ 生产规模
➤ 投资规模 固定资产、流动资金、投资合计。
➤ 经济效益 销售收入、税后利润、交纳所得税、投资利润率、投资回收期。
● **建设规模**
➤ 生产规模
➤ 占地面积
● **项目设计方案**
➤ 工艺设计方案
➤ 设备的选择
● **环境保护**
● **机构设置及人员组成**
● **项目效益分析**
➤ 产品销售收入分析
➤ 成本费用分析
➤ 利润和税收
● **可行性研究结论**

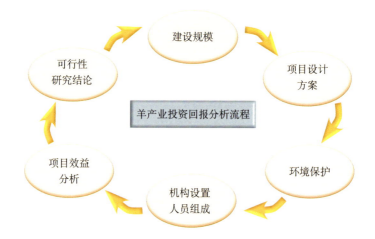

二、规模化标准化山羊场可行性分析实例

以饲养3个地方肉羊品种（鲁北白山羊、济宁青山羊、莱芜黑山羊）为实例，建设5 000只基础母羊，年产20 000只育肥肉羊的养殖产业链，羊场建设经营管理预测如下。

● **项目概述**

➢ **项目名称** 规模化标准化肉羊场建设。

➢ **生产规模** 年出栏20 000只商品肉羊。

➢ **投资规模** 3 500万元。固定资产3 000万元，流动资金500万元，投资合计3 500万元。

➢ **经济效益** 销售收入：每年2 400万元；税后利润：900万元；交纳所得税：免税（国家政策）；投资利润率：25%；投资回收期：4年。

● **建设规模**

➢ **生产规模** 5 000只种羊，20 000只商品肉羊。

➢ **占地面积** 300 000米^2。

● **项目设计方案**

➢ **工艺设计方案** 自繁自养。

➢ **设备的选择** 半开放羊舍。

● **环境保护** 粪污有机肥料加工，符合国家环保要求。

● **机构设置及人员组成** 100人。

● **项目效益分析**　产品销售收入分析：每年2 400万元；成本费用分析：1 800万元；利润和税收：600万元。

● **可行性研究结论**　建设5 000只基础母羊，年产20 000只育肥肉羊的养殖产业链。项目总投资3 500万元，销售收入每年2 400万元，实现利润每年600万元，投资回收期4年。项目属于高效益产业。

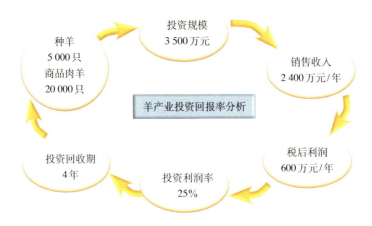

附录 肉羊标准化示范场验收评分标准

申请验收单位：　　　　　　　　　　　　验收时间：　　　年　　月　　日

必备条件（任一项不符合不得验收）	1. 场址不得位于《中华人民共和国畜牧法》明令禁止区域，并符合相关法律法规及区域内土地使用规划	可以验收☐ 不予验收☐
	2. 具备县级以上畜牧兽医部门颁发的《动物防疫条件合格证》，两年内无重大疫病和产品质量安全事件发生	
	3. 具有县级以上畜牧兽医行政主管部门备案登记证明；按照农业部《畜禽标识和养殖档案管理办法》要求，建立养殖档案	
	4. 农区存栏能繁母羊250只以上，或年出栏肉羊500只以上的养殖场；牧区存栏能繁母羊400只以上，或年出栏肉羊1 000只以上的养殖场	

验收项目	考核内容	考核具体内容及评分标准	满分	最后得分	扣分原因
一、选址与布局（20分）	（一）选址（4分）	距离生活饮用水源地、居民区和主要交通干线、其他畜禽养殖场及畜禽屠宰加工厂、交易场所500米以上，得2分，否则不得分	2		
		地势较高，排水良好，通风干燥，向阳透光，得2分，否则不得分	2		
	（二）基础设施（5分）	水源稳定、水质良好，得1分；有贮存、净化设施，得1分，否则不得分	2		
		电力供应充足，得2分，否则不得分	2		
		交通便利，机动车可通达，得1分，否则不得分	1		
	（三）场区布局（8分）	农区场区与外界隔离，得2分，否则不得分。牧区牧场边界清晰，有隔离设施，得2分	2		
		农区场区内生活区、生产区及粪污处理区分开，得3分；部分分开，得1分；否则不得分。牧区生活建筑、草料贮存场所、圈舍和粪污堆积区按照顺风向布置，并有固定设施分离，得3分，否则不得分	3		

162

（续）

验收项目	考核内容	考核具体内容及评分标准	满分	最后得分	扣分原因
一、选址与布局（20分）	（三）场区布局（8分）	农区生产区母羊舍、羔羊舍、育成舍、育肥舍分开，得2分；有与各个羊舍相应的运动场，得1分。牧区母羊舍、接羔舍、羔羊舍分开，且布局合理，得3分，用围栏设施作羊舍的减1分	3		
	（四）净道和污道（3分）	农区净道、污道严格分开，得3分；有净道、污道，但没有完全分开，得2分，完全没有净道、污道，不得分。牧区有放牧专用牧道，得3分	3		
二、设施与设备（28分）	（一）羊舍（3分）	密闭式、半开放式、开放式羊舍，得3分；简易羊舍或棚圈得2分；否则不得分	3		
	（二）饲养密度（2分）	农区羊舍内饲养密度≥1米^2/只，得2分；<1米^{2}且≥0.5米^2，得1分；<0.5米^2/只，不得分。牧区符合核定载畜量的，得2分，超载酌情扣分	2		
	（三）消毒设施（3分）	场区门口有消毒池，得1分；羊舍（棚圈）内有消毒器材或设施，得1分	2		
		有专用药浴设备，得1分，没有不得分	1		
	（四）养殖设备（16分）	农区羊舍内有专用饲槽，得2分；运动场有补饲槽，得1分。牧区有补饲草料的专用场所，防风、干净，得3分	3		
		农区保温及通风降温设施良好，得3分，否则适当减分。牧区羊舍有保温设施、放牧场有遮阳避暑设施（包括天然和人工设施），得3分，否则适当减分	3		
		有配套饲草料加工机具，得3分，有简单饲草料加工机具的，得2分；有饲料库，得1分，没有不得分	4		
		农区羊舍或运动场有自动饮水器，得2分，仅设饮水槽减1分，没有不得分。牧区羊舍和放牧场有独立的饮水井和饮水槽，得2分	2		

（续）

验收项目	考核内容	考核具体内容及评分标准	满分	最后得分	扣分原因
二、设施与设备（28分）	（四）养殖设备（16分）	农区有与养殖规模相适应的青贮设施及设备，得3分；有干草棚，得1分；没有不得分。牧区有与养殖规模相适应的贮草棚或封闭的贮草场地，得4分，没有不得分	4		
	（五）辅助设施（4分）	农区有更衣及消毒室，得2分；没有不得分。牧区有抓羊过道和称重小型磅秤，得2分	2		
		有兽医及药品、疫苗存放室，得2分；无兽医室，但有药品、疫苗贮藏设备的，得1分，没有不得分	2		
三、管理及防疫（30分）	（一）管理制度（4分）	有生产管理、投入品使用等管理制度，并张贴上墙，执行良好，得2分，没有不得分	2		
		有防疫消毒制度，得2分，没有不得分	2		
	（二）操作规程（5分）	有科学的配种方案，得1分；有明确的畜群周转计划，得1分；有合理的分阶段饲养、集中育肥饲养工艺方案，得1分，没有不得分	3		
		制定了科学合理的免疫程序，得2分，没有不得分	2		
	（三）饲草与饲料（4分）	农区有自有粗饲料地或与当地农户有购销秸秆合同协议，得4分，否则不得分。牧区实行划区轮牧制度或季节性休牧制度，或有专门的饲草料基地，得4分，否则不得分	4		
	（四）生产记录与档案管理（15分）	有引羊时的《动物检疫合格证明》，并记录品种、来源、数量、月龄等情况。记录完整，得4分，不完整适当扣分，没有则不得分	4		
		有完整的生产记录，包括配种记录、接羔记录、生长发育记录和羊群周转记录等。记录完整，得4分，不完整适当扣分	4		
		有饲料、兽药使用记录，包括使用对象、使用时间和用量记录。记录完整，得3分，不完整适当扣分，没有则不得分	3		

验收项目	考核内容	考核具体内容及评分标准	满分	最后得分	扣分原因
三、管理及防疫（30分）	（四）生产记录与档案管理（15分）	有完整的免疫、消毒记录。记录完整，得3分，不完整适当扣分，没有则不得分	3		
		保存有2年以上或建场以来的各项生产记录，专柜保存或采用计算机保存得1分，没有则不得分	1		
	（五）专业技术人员（2分）	有1名以上经过畜牧兽医专业知识培训的技术人员，持证上岗，得2分，没有则不得分	2		
四、环保要求（12分）	（一）粪污处理（5分）	有固定的羊粪贮存、堆放设施和场所，贮存场所要有防雨、防溢流措施。满分为3分，有不足之处适当扣分	3		
		农区粪污采用发酵或其他方式处理，作为有机肥利用或销往有机肥厂，得2分。牧区采用农牧结合良性循环措施，得2分，有不足之处适当扣分	2		
	（二）病死羊处理（5分）	配备焚尸炉或化尸池等病死羊无害化处理设施，得3分	3		
		病死羊采用深埋或焚烧等方式处理，记录完整，得2分	2		
	（三）环境卫生（2分）	垃圾集中堆放，位置合理，整体环境卫生良好，得2分	2		
五、生产技术水平（10分）	（一）生产水平（8分）	农区繁殖成活率90%或羔羊成活率95%以上，牧区繁殖成活率85%或羔羊成活率90%以上，得4分，不足适当扣分	4		
		农区商品育肥羊年出栏率180%以上，牧区商品育肥羊年出栏率150%以上，得4分，不足适当扣分	4		
	（二）技术水平（2分）	采用人工授精技术，得2分	2		
合　　计			100		

验收专家签字：

陈玉香, 周道玮, 2002.东北农牧交错带玉米生产与利用及农业生态系统优化生产模式 [D]. 长春：东北师范大学.

董宽虎, 沈宜新, 2004.饲草生产学[M]. 北京：中国农业出版社.

冯仰廉, 2004.反刍动物营养学[M]. 北京:科学出版社.

关文怡, 李玉冰, 2007. 猪的屠宰加工技术[M]. 北京：中国农业大学出版社.

郭秀清, 2003.奶山羊生产技术指南[M]. 北京：中国农业大学出版社.

国家屠宰技术鉴定中心, 2004.屠宰加工行业标准汇编[M]. 2版. 北京：中国标准出版社.

贾志海, 1999.现代养羊生产[M].北京：中国.农业大学出版社.

贾志海, 2006.肉羊规模化标准化生产技术[M]. 北京：中国农业科学技术出版社.

李键, 2005.肉山羊高效安全生产技术[M]. 北京：中国农业大学出版社.

李龙, 李欢意, 2004.山羊绒制品工程[M]. 上海：东华大学出版社.

任继周, 林慧龙, 2009.农区种草是改进农业系统、保证粮食安全的重大步骤[J]. 草业学报, 18(5):1-9.

王怀友, 2004.优质山羊养殖与疾病防治新技术[M]. 北京：中国农业科学技术出版社.

王明利, 李玉冰, 2007.牛羊屠宰加工技术[M]. 北京：中国农业大学出版社.

王玉顺, 2010.屠宰加工与卫生检疫[M]. 北京：中国农业科学技术出版社.

杨凤, 2004.动物营养学[M]. 2版.北京：中国农业出版社.

杨在宾, 杨维仁, 2004.饲料配合工艺学[M]. 北京：中国农业出版社.

张坚中, 2009.怎样养山羊[M]. 北京：金盾出版社.

张丽英, 2003.饲料分析及饲料质量检测技术[M]. 2版. 北京：中国农业大学出版社.

张微, 2011.绒山羊营养与绒毛生长机理研究[M]. 北京：中国农业大学出版社.

张文远, 杨保平, 2009.肉羊饲料科学配制与应用[M]. 北京：金盾出版社.

赵有璋, 2005.现代中国养羊[M]. 北京：金盾出版社.

中国质检出版社第一编辑室,2011.畜禽屠宰加工标准汇编(上、下)[M].北京:中国
    标准出版社.

周道玮,孙海霞,刘春龙,等,2009.中国北方草地畜牧业的理论基础问题[J].草业科学、
    26(11):1-11.

图书在版编目（CIP）数据

山羊标准化规模养殖图册 / 杨在宾主编. —北京：
中国农业出版社，2019.6（2021.12重印）
（图解畜禽标准化规模养殖系列丛书）
ISBN 978-7-109-25208-0

Ⅰ. ①山… Ⅱ. ①杨… Ⅲ. ①山羊—饲养管理—图解
Ⅳ. ①S827-64

中国版本图书馆CIP数据核字（2019）第018495号

中国农业出版社出版
（北京市朝阳区农展馆北路2号）
（邮政编码 100125）
责任编辑　刘　伟　弓建芳　颜景辰

北京缤索印刷有限公司印刷　新华书店北京发行所发行
2019年6月第1版　2021年12月北京第4次印刷

开本：880mm×1230mm　1/32　印张：5.75
字数：200千字
定价：30.00元
（凡本版图书出现印刷、装订错误，请向出版社发行部调换）